化学工业出版社“十四五”普通高等教育规划教材

化学实验室安全基础

郭明星　曹宾霞　编

化学工业出版社

·北京·

内容简介

《化学实验室安全基础》以“坚持安全第一、预防为主”为指导思想，包含七个方面的内容：实验室安全基础，危险化学品管控，危险设备分类及安全管理，水、电、火安全控制，实验室生物安全控制及生物实验室风险评估，实验室废弃物管理和实验室安全体系。

《化学实验室安全基础》可作为高等院校化学相关专业的本科生和研究生教材，也可作为实验室安全培训教材，对实验室管理人员也具有借鉴意义。

图书在版编目（CIP）数据

化学实验室安全基础/郭明星，曹宾霞编. —北京：化学工业出版社，2023.2

化学工业出版社“十四五”普通高等教育规划教材

ISBN 978-7-122-42483-9

Ⅰ.①化… Ⅱ.①郭… ②曹… Ⅲ.①化学实验-实验室管理-安全管理-高等学校-教材 Ⅳ.①O6-37

中国版本图书馆CIP数据核字（2022）第206556号

责任编辑：满悦芝　　文字编辑：张瑞霞
责任校对：王　静　　装帧设计：张　辉

出版发行：化学工业出版社（北京市东城区青年湖南街13号　邮政编码100011）
印　　装：三河市双峰印刷装订有限公司
787mm×1092mm　1/16　印张11　字数269千字　2023年3月北京第1版第1次印刷

购书咨询：010-64518888　　售后服务：010-64518899
网　　址：http://www.cip.com.cn
凡购买本书，如有缺损质量问题，本社销售中心负责调换。

定　　价：35.00元

前言

近年来，我国高等教育快速发展，为了提高学生的综合素质、创新能力，各高校都加强了实验室建设，高校实验室在数量和规模上也随之达到了前所未有的程度。高校实验室本身具有数量大、分类多、分布广、专业性强、人员更替频繁的特点，实验风险难以准确预见，给广大师生带来了极大的安全隐患，因此，实验室安全也越来越引起大家的重视。

党的二十大报告指出，提高公共安全治理水平。坚持安全第一、预防为主，建立大安全大应急框架，完善公共安全体系，推动公共安全治理模式向事前预防转型。这为实验室安全及管理指明了前进方向，同时提出了更高要求。鉴于此，编者结合多年的实验教学和管理经验，借鉴并汲取前人的成果，编写了本教材，主要针对高校实验室的现状，着重对典型的实验室危险源进行辨识、控制、管理，并提出了实验室安全体系管理的思路，从而保证实验室各类人员科学、规范、安全地进行实验。

全书共分七章，第一章介绍实验室安全的概念和实验室安全要素，解析危险源、风险、隐患、事故之间的关联与区别，有助于学生加深对实验室安全基本知识和特性的认识。第二至第六章详细介绍高校实验室中典型危险源——危险化学品、危险设备、水电火、实验室生物、实验室废弃物的辨识，并提出安全控制、管理方面的措施，有助于师生降低、规避、分散和化解各种实验室风险，保证实验任务顺利完成。第七章介绍由安全管理体系、安全教育体系和安全技术体系构成的实验室安全体系，及各体系的架构，力图破解高校实验室安全的系统性风险，在出现危急情况时可以及时地消除危险或将危害降到最低程度。

本书编写人员有郭明星和曹宾霞。其中郭明星负责第二、三、四、五、七章的编写，曹宾霞负责第一、六章的编写。全书由郭明星整理定稿。

实验室安全体系知识繁杂且专业性强，限于编者的水平，欢迎采用本书的读者就书中不足之处提出批评和建议。

编者

2023 年 2 月

目录

第一节　安　　全

一、安全概念

安全是人类永恒的主题，是人类生存和发展的前提。安全可解释为“无危则安，无缺则全”，全是因，安是果，由全而安。安全就意味着没有危险且尽善尽美，是一种绝对理想的状态。

《职业健康安全管理体系　要求》（GB/T 28001—2011）提出的安全的定义是“免除了不可接受的损害风险的状态”。安全科学的开创者和倡导者刘潜提出安全的科学性定义：“安全是人身心免受外界因素危害的存在状态（或称健康状况）及其保障条件。”其中的保障条件就是“安全三要素四因素”系统原理，就是把人的存在状况和事物的保障条件有机结合，有效地表达安全的内涵。安全的科学定义为实际系统安全实现和事故预防提供了方法论指导。

安全普遍存在于人类生产和生活的所有活动领域，人类社会的发展史在某种意义上也可看成是解决安全问题的奋斗史。在社会经济发展进程中，人类对安全的认识也经历了无知—局部—系统—动态的阶段，人们发现安全不是绝对的、固有的、一成不变的，而是在不断地发展变化的。绝对安全在现实生产中是不存在的，安全是相对的、动态的。安全被判断为不超过允许极限的危险性，是在具有一定危险性条件下的状态，不是瞬间的结果，而是对系统在某一时期、某一阶段过程状态的描述。

世界上没有绝对安全的事物，任何事物中都包含不安全因素，具有一定的危险性。人们以“安全性”来表示安全程度，表达主体免于危险的程度。设 S 代表安全性，D 为危险性，则 $S=1-D$，当危险性低于某程度时，就认为是安全的了，危险性是对安全性的隶属度，安全性与危险性也互为补数。这就是说为什么安全工作贯穿于系统整个生命期间（周期）。生产过程中的安全，指的是生产中“不发生工伤事故、职业病、设备或财产损失”。

二、安全要素

从安全定义中发现，与安全问题直接或间接发生关联的不外乎人、物以及人与物的联系，人为“安全人体”，物为“安全物质”，人与物的关系为“安全人与物的关系”，构成了安全三要素。

人，安全的主体和核心。人作为社会活动的主体，既是安全的主导者又是参与者，既受到安全的影响又影响安全决策，既是安全的致灾者又是安全的承灾者。总之，人既是被保护对象，又是保障条件或者危害因素。“以人为本”是研究一切安全问题的出发点和归宿。

物，既是安全的保障条件，也可能是危害的根源。保障或危害人的物质极其复杂，存在于人身心之外的所有客观事物之中。

环境，包括所有领域中存在的人与人、人与物、物与物的联系，又包括空间与能量、能量与信息的相互联系。

理想状态下，安全人体对危害有绝对抵抗力；安全物质对人绝无危害；人与物绝对不发生危害性联系，三种因素具备任何之一，结果都会是安全的。但这种理想状态在现实中是不存在的，不存在绝对安全的人和绝对安全的物，当然也没有绝对的安全。为了达到或保持安全状态，需要在三要素基础上把安全“人与物”的信息与能量联系起来，称为“安全系统”。通过“安全系统”的信息对各安全要素进行能量的运筹、调节、匹配、控制，使之达到和保持整体上的安全状态，实现安全。因而，安全人体、安全物质、安全环境、安全系统就构成四类不同性质的安全整体的组成成分，即“安全四因素”。

三、安全特征

要全面认识安全，还要探讨安全本身的特征，安全的基本特征主要表现在：

（1）安全的必要性和普遍性。安全是人类生存和发展的基本要求，是生命与健康的基本保障。安全普遍存在于人类生产和生活的所有领域，人类的一切活动都离不开安全。

（2）安全的随机性。安全的条件是多因素的，是相对的，是具有限定性的。条件变化，安全状态也会发生变化。

（3）安全的相对性。安全的相对性表现在三个方面：首先，安全状态是相对的，绝对安全状态现实中是不存在的；其次，安全标准是相对的，人们或社会认可或接受某一安全水平，当实际状况达到这一水平，人们就认为是安全的，低于这一水平，则认为是危险的；最后，安全认识是相对的，事物一诞生危险就存在，过程中，危险可能变大或变小，却始终不会消失，不论我们的认识多么深刻，只要危险存在，对其安全的认识就是相对的。

（4）安全的局部稳定性。绝对安全是不可能的，但有条件的局部安全是可能的，是安全生产必需的。

（5）安全的经济性。安全的经济性主要体现：首先，要保障安全就得先期投入安全设施、安全设备等；其次，安全能减轻或免除事故造成的危害，减少损失并能持续地保障社会经济增值。

（6）安全的复杂性。安全是人、物、环境及其相互关系的协调，安全元素和与安全有关的因素也纷繁交错、相互关联，造成安全极具复杂性。

（7）安全的社会性。安全会影响社会经济发展，会对社会造成影响，也对国家以及各级行政部门的决策产生影响。

（8）安全的潜隐性。安全的潜隐性是指控制多因素、多媒介、多时空交混的综合效应而产生的潜隐性安全程度。如化学品、人工合成品、医药、放射性等具有的潜在危害。

安全的本质特征是人类预防事故的重要理论核心，是推动安全科学发展的动力，是安全生产生活得以实现的保障，也是发展安全相关技术知识、方法和手段的保证和基础。

四、安全相关术语

（一）安全相关术语定义

1. 危险

危险是指在生产活动过程中，人或物遭受损失的可能性超出了可接受范围的一种状态。在安全生产管理中，一般用危险度来表示危险的程度。危险度由生产系统中事故发生的可能性与严重性相结合给出，设 R 代表危险度，F 代表发生事故的可能性，C 代表发生事故的严重性，则 $R=f(F,C)$。危险与安全一样，也是与生产过程共存的，是一种连续性的过程状态。危险包含尚未为人所认识的，以及虽为人们所认识但尚未被人所控制的各种隐患。

2. 危害

危害是指“可能造成人员伤害、职业病、财产损失、作业环境破坏的根源或状态”，是造成事故的一种潜在危险，它是超出人的直接控制之外的某种潜在的条件。

从本质上讲，危险侧重突发、瞬间可能的情况，危害侧重实质性后果的影响或破坏。

3. 危险源

《职业健康安全管理体系　要求及使用指南》（GB/T 45001—2020）定义危险源是可能导致伤害和健康损害的来源。来源包括可能导致伤害或危险状态的来源，或可能因暴露而导致伤害和健康损害的环境。

危险源也可称为危险因素或危害因素，为了区别客体对人体不利作用的特点和效果，通常将其分为危险因素（强调突发性和瞬间作用）和危害因素（强调在一定时间范围内的积累作用）。有时对两者不加区分，统称危险因素。

危险源是具有潜在危险的源点，是事故暴发的源头，是能量、危险物质、危害因素集中的核心，是能量从那里传出来或暴发的地点、环境。危险源由潜在危险性、存在条件、触发因素三个要素构成。根据危险源在事故发生、发展过程中的作用，可将危险源分为三大类。

4. 风险

《风险管理 术语》（GB/T 23694—2013）定义风险为不确定性对目标的影响。“影响”是指对预期的偏离——正面的或负面的；“不确定性”是指对事件及其后果或可能性缺乏甚至部分缺乏相关信息、理解或知识的状态；“目标”可以有不同方面（如财务、健康安全以及环境目标），可以体现在不同的层次（如战略、组织范围、项目、产品和过程）。通常，风险以某事件（包括情况的变化）的后果及其发生的“可能性”的组合来表述。风险有两个主要特性——可能性和严重性。可能性，指事故发生的概率。严重性，指事故一旦发生后，将造成人员伤害和经济损失的严重程度。

（1）风险评估，在风险事件发生之前或之后（但还没有结束），量化、测评某一事件或事物带来的影响或损失的可能程度，即为对风险的评估。风险评估包括风险识别、风险分析、风险评价的全过程。

（2）风险识别，是发现、确认和描述风险要素的过程。风险管理人员运用有关知识和方法，系统、全面和连续地发现、列举和描述风险，其中应包括风险源、影响范围、事件及其原因和潜在的后果等。

（3）风险分析，是理解风险性质，确定风险等级的过程，包括系统地运用相关信息来确认风险的来源，并对风险进行估计。风险分析是风险评价和风险应对的基础。

（4）风险评价，是通过风险分析所产生的结果，并与组织确定的风险准则进行对照，以确定风险的水平与控制风险的优先顺序。经过风险评价，确定该风险是可承受还是需进行处理（分别采用风险规避、风险优化、风险转移或风险保留等措施）。

5. 事故隐患

事故隐患泛指生产系统中可导致事故发生的人的不安全行为、物的不安全状态和管理上的缺陷。《安全生产事故隐患排查治理暂行规定》（国家安全监管总局令第 16 号，简称《16 号令》）中定义为：生产经营单位违反安全生产法律、法规、规章、标准、规程和安全生产管理制度的规定，或者因其他因素在生产经营活动中存在可能导致事故发生的物的危险状态、人的不安全行为和管理上的缺陷。事故隐患实质是有危险的、不安全的、有缺陷的“状态”，这种状态可在人或物上表现出来，如人走路不稳、路面太滑都是导致摔倒受伤的隐患；也可表现在管理的程序、内容或方式上，如检查不到位、制度不健全、人员培训不到位等。《16 号令》中将事故隐患分为一般事故隐患和重大事故隐患。

（1）一般事故隐患，是指危害和整改难度较小，发现后能够立即整改排除的隐患。

（2）重大事故隐患，是指危害和整改难度较大，应当全部或者局部停产停业，并经过一定时间整改治理方能排除的隐患，或者因外部因素影响致使生产经营单位自身难以排除的隐患。

事故隐患是导致安全事故发生的根源。

6. 事故

《生产安全事故报告和调查处理条例》中定义为：生产经营活动中发生的造成人身伤亡或者直接经济损失的事件。其发生所造成的损失可分为死亡、职业病、伤害、财产损失或其他损失，共五大类，因此，事故也可指造成人员死亡、伤害、职业病、财产损失或其他损失的意外事件。事故是造成人们主观上不希望看到的结果的意外事件，具有随机性，是人们不希望发生的，违背人们意愿。《生产安全事故报告和调查处理条例》中按照生产安全事故造成的人员伤亡或者直接经济损失，将事故分为四个等级：

（1）特别重大事故，是指造成 30 人以上死亡，或者 100 人以上重伤（包括急性工业中毒，下同），或者 1 亿元以上直接经济损失的事故。

（2）重大事故，是指造成 10 人以上 30 人以下死亡，或者 50 人以上 100 人以下重伤，或者 5000 万元以上 1 亿元以下直接经济损失的事故。

（3）较大事故，是指造成 3 人以上 10 人以下死亡，或者 10 人以上 50 人以下重伤，或者 1000 万元以上 5000 万元以下直接经济损失的事故。

（4）一般事故，是指造成 3 人以下死亡，或者 10 人以下重伤，或者 1000 万元以下直接经济损失的事故。

（二）危险源、风险、事故隐患、事故关系

危险源是指一个系统中具有潜在能量和物质释放危险的，可造成人员伤害、财产损失或环境破坏的，在一定的触发因素作用下可转化为事故的部位、区域、场所、空间、岗位、设备及其位置。风险指导致危险源失去稳定，而使一种或几种事故伤害发生的可能性和后果的组合。风险是危险源的属性，危险源是风险的载体。某一类风险管控措施失效或弱化后，由可控向不可控转变，演变为事故隐患，事故隐患不及时排查发现与整改，随着时间推移，加上人、物、环境、管理等因素中的某一个或多个环节失控，就可能直接导致事故发生。就一起事故而言，危险源是内因，隐患是外因，它们服从唯物辩证法的内外因作用原理，事故是危险源和隐患内外因共同作用的结果。

第二节 危险源

危险源存在于确定的系统中，不同的系统层次，危险源的区域不同。例如，从全国范围来说，危险行业系统（如化工行业）中具体的一个子系统（化工企业）就是一个危险源。而从一个子系统来说，可能某个单元（化学车间）就是危险源，而一个单元中可能具体设备是危险源。因此，分析危险源应按系统的不同层次递进进行。

一、危险源构成

危险源应由三个要素构成：潜在危险性、存在条件和触发因素。

危险源的潜在危险性是指一旦触发事故，可能带来的危害程度或损失大小，或者是危险源可能释放的能量强度或危险物质量的大小。

危险源的存在条件是指危险源所处的物理、化学状态和约束条件状态。例如，物质的压力、温度、化学稳定性，压力容器的坚固性，周围环境障碍物等情况。

危险源触发因素虽然不属于危险源的固有属性，但它是危险源转化为事故的外因，而且每一类型的危险源都有相应的敏感触发因素。如，热能是易燃、易爆物质的敏感触发因素；又如，压力升高是压力容器的敏感触发因素。

因此，一定的危险源在触发因素的作用下，触发危险源的潜在危险性，触动危险源的存在条件，危险源转化为危险状态，继而转化为事故。在构成危险源的三个要素中，具备潜在危险性以及存在条件的危险源可称为事故隐患，如果没有触发因素的作用，这个危险源就不会被触发造成事故。

二、危险源分类

正确分类危险源，可更准确、更清晰地认识危险源的特点和危险源的性质及其危险程度，为危险源管理控制提供必要的、科学可靠的依据。

（一）三类危险源

近年来有关专家为了研究事故的本质和基础原因，消灭事故于萌芽状态，提出三类危险源理论。

1. 第一类危险源（主体源）

指系统中存在的、可能发生意外释放的能量（载体）或危险物质。这是事故发生的物质性前提，是事故发生的物质根源。如高温（低温、腐蚀性）物体、物质，有毒有害物质，压力容器（内容物），机械的运动部分，带电体、高跨步电压区域等。

2. 第二类危险源（条件源）

导致约束、限制能量的措施失控、失效或破坏的各种不安全因素。这些因素包括人、物、环境三个方面的问题，这类危险源是事故发生的触发条件、必要条件，决定事故发生的可能性。人的不安全行为和失误导致的事故占据主要位置，如人安全意识淡薄、安全技能缺失引发事故；物的不安全状态指的是物的故障，如设备（设施）缺陷或腐蚀、连接管路气体泄漏；不安全环境因素主要是指温度、湿度、噪声、通风换气、粉尘、照明等物理环境及设施配置的软环境运行不良，如防护设施缺陷、消防通道堵塞。

3. 第三类危险源（致因源）

指能够影响或导致第一、二类危险源产生作用的不安全因素。主要指不符合安全的组织管理因素，包括组织程序、组织文化、规则、制度等，例如，安全文化理念方面缺失、安全培训缺失、安全管理松懈以及人员挑选、考核存在问题。

三类危险源之间相互关联、相互依存，共同作用，导致事故的发生。第一类危险源是事故发生的能量主体，决定事故发生后果的严重程度；第二类危险源是事故发生的必要条件，决定事故发生的可能性；第三类危险源是第一类，尤其是第二类危险源暴发的深层原因，是事故发生的组织性前提，是事故发生的充分条件。

（二）其他分类

危险源分类的方法很多，每一种方法都有其目的性和应用范围，除了根据危险源在事故发生、发展过程中的作用的“三类危险源理论”，常见分类方式还有：

根据危险源主要危险物质的能量类型分为三类，分别是物质型危险源，具有一定量的危险化学品（简称危化品）物质（爆炸品危险源、易燃液体危险源等 8 类）；能量型危险源，具有较高的能量（电能、热能、动能、势能、声能、光能等）；混合型危险源，既存在危险物质，也具有危险能量（危险物质的传输管道，高温高压反应装置、设备，高压贮罐等）。

根据危险源本身是一种危险和有害因素产生的根源，参考《生产过程危险和有害因素分类与代码》（GB/T 13861—2022）中危险和有害因素分类，把危险源分为：人的因素（2 中类 8 小类）、物的因素（3 中类 35 小类）、环境因素（4 中类 42 小类）、管理因素（5 中类 12 小类），共 4 大类 14 中类 97 小类。

根据危险源是导致事故发生的原因，参考《企业职工伤亡事故分类》（GB 6441—1986）中主要事故类型分类，将危险源分为：物体打击、车辆伤害、机械伤害、起重伤害、触电、淹溺、灼烫、火灾、高处坠落、坍塌、冒顶片帮、透水、放炮、瓦斯爆炸、火药爆炸、锅炉爆炸、容器爆炸、其他爆炸、中毒和窒息及其他伤害 20 个类别。

根据危险源主要危险物质能量存在时间长短，分为永久危险源和临时危险源两类。永久性危险源指其危险物质或能量存在的时间相对较长，一般与生产系统的生命周期相同。生产系统中正常生产必需的设备、设施等都为永久危险源。临时危险源指其危险物质能量存在的时间相对较短，通常多为设备、设施安装、检修施工时形成的危险源或临时物品搬运存放形成的危险源。

根据危险源主要危险物质或能量的种类和数量及空间位置变化，可将危险源分为静态危险源和动态危险源两类。静态危险源指其危险物质或能量的种类、数量或存在位置正常生产情况下不易发生大的改变，如正常生产设备、设施。动态危险源指危险物质或能量种类、数量或存在位置随着生产过程的改变而改变，如机械高空作业场所变更。

每个分类方法都具备各自的特点，都对应着适用区间和应用局限，只有选择合适的分类方法，才能正确分析出危险源存在的危害。

三、危险源辨识

危险源辨识指识别危险源的存在并确定其特性的过程。危险源辨识思路如图 1-1 所示。

（一）危险源辨识目的

通过对系统的分析，界定出系统中哪些部分、区域是危险源，其危险的性质、危害程度、存在状况，危险源能量与物质转化为事故的规律、转化的条件、触发因素等，以便有效地控制能量和物质的转化，使危险源不至于转化为事故。

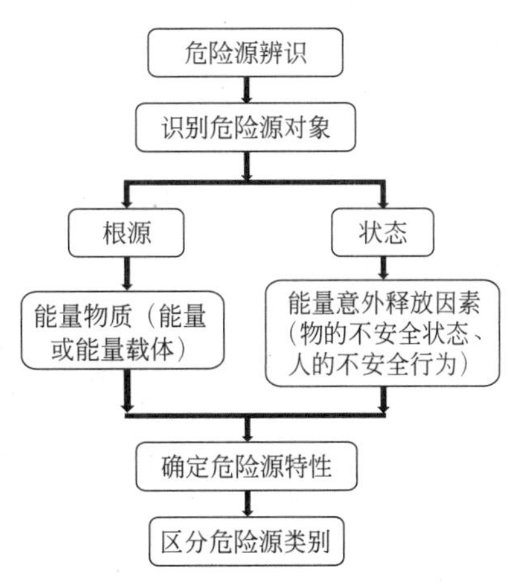

图 1-1 危险源辨识思路

（二）危险源辨识方法

危险源辨识的主要方法有询问交谈、现场勘查、查阅有关记录、获取外部信息、安全检查表（SCL）分析、工作危险源分析（JHA）、预先危险性分析（PHA）、故障假设分析（WI）、失效模式与影响分析（FMEA）、危险与可操作性分析（HAZOP）、事件树分析（ETA）、事故树分析（FTA）。从某种程度上说，安全检查表（SCL）分析、危险与可操作性分析（HAZOP）、事件树分析（ETA）、事故树分析（FTA）是比较规范的危险源辨识的方法。

1. 工作危险源分析（JHA）

一种较细致地分析过程中存在危险源的方法，把过程分解成几个步骤，识别每一步骤中的危险源和可能的事故，设法消除危险源。

2. 安全检查表（SCL）分析

基于经验的方法，列出项目，识别与设备和操作有关的已知类型的危险源、设计缺陷以及事故隐患。安全检查分析表可用于对物质、设备或操作规程的分析。

3. 故障假设分析（WI）

故障假设分析方法是对确定的安全项目的过程或操作提出假定的故障问题进行分析。故障假设分析方法可用于设备设计和操作的各个方面。

4. 预先危险性分析（PHA）

主要是在项目发展的初期（如概念设计阶段）识别可能存在的危险源，可用于粗略的危险源和潜在可能性分析；也对已建成的装置进行分析。

5. 失效模式与影响分析（FMEA）

主要是识别装置或过程内单个设备或单个系统的失效及其失效的可能后果。失效模式与影响分析描述故障是如何发生的及故障对系统的影响。

6. 危险与可操作性分析（HAZOP）

主要是系统、详细地对过程和操作进行检查，以确定过程的偏差是否导致不良的后果。该方法可用于连续或间歇过程，还可以对拟定的操作规程进行分析。

7. 事件树分析（ETA）

事件树分析是一种从初始原因事件起，分析各环节事件“成功”或“失败”的发展变化过程，并预测各种可能结果的方法，是时序逻辑分析判断方法。应用这种方法对系统各环节事件进行分析，可辨识出系统的危险源。

8. 事故树分析（FTA）

事故树分析是一种根据系统可能发生的或已发生的事故结果，去寻找与事故有关的原因、条件和规律。通过这样一个过程分析，可辨识出系统中导致事故的有关危险源。

危险源辨识的方法很多，各种方法从切入点和分析过程上，都有其各自的适用范围或局限性，在辨识危险源的过程中，使用一种方法不足以全面地识别其所存在的危险源，必须综合地采取一种或结合多种评估方法。

四、危险源的控制

危险源控制包含技术控制和管理控制。

（一）危险源技术控制

危险源技术控制即采用技术措施对固有危险源进行控制，主要技术措施有消除、预防、减弱、隔离、联锁、警告和应急等。

（1）消除，消除系统中的危险源，可以从根本上防止事故的发生。如采用无毒代替有毒、低毒代替高毒等。

（2）预防，当消除危险源有困难时，尽可能采用预防措施防止事故的发生，如通过各种检测、监控仪表监控危险源，预防能量或危险物质的意外释放。

（3）减弱，在无法消除危险源和难以预防的情况下，可采取减弱危险源的措施，如采用降温设备、避雷装置、消除静电装置、减振装置等。

（4）隔离，在无法消除、预防和减弱危险源的情况下，应将人员与危险源进行有效隔离，并将不能共存的物质分开，如各种防护罩、防护栏、隔离操作室、个人防护服等。

（5）联锁，当操作失误或设备运行达到危险状态时，通过联锁装置终止危险、危害发生，如压力容器的联锁装置。

（6）警告，在存在危险源的场所设置警告标志，提醒周围人员注意，如安全色、安全标志、声光组合报警器等。

（7）应急，制订危险源应急预案，组织应急演练。当事故发生时，应立即启动应急预案，实施减少事故人员伤亡和财产损失的有效措施。

（二）管理控制措施

管理控制措施，采取有效手段对人的不安全行为进行控制，并通过检查和维护防止出现物的不安全状态，消除潜在的危险因素。常见的措施有：

（1）建立健全管理规章制度和操作规程。

（2）明确岗位责任，定期检查，排除隐患。

（3）强化日常规范管理，落实各项措施。

（4）制订、完善应急预案，保证定期演练。

（5）加强管控设施建设，提高管控技术水平。

（6）加强安全教育培训，提高安全意识、安全技能。

（7）完善安全组织体系，加强安全文化建设。

第三节 实验室安全的内涵与危险源辨识

一、实验室安全的内涵

（一）实验室安全的定义

实验室是高校开展实验教学和科学研究的重要平台。实验室存放药品种类杂而多，设施、设备种类繁杂，参与师生人员多、流动性大，个别人员安全意识不足、安全防护重视不够，易发生安全事故。一旦发生事故，轻则国家财产遭受损失，重则付出生命代价。消除实验室安全隐患，减少直至杜绝安全事故成为实验室管理工作的重要任务。

实验室安全也是一门科学，它重点研究在实验室环境下，人、机、环境系统的相互作用和保障师生员工的实验安全技术，以及研究教学科研中实验风险所导致的事故和灾害的发生、发展规律和防止实验室意外事故发生所需的科学知识与技术方法。

（二）实验室安全要素

实验室安全要素是指与实验安全运行相关的、可能导致事故发生的各种要素，包括人要素、物要素、环境要素、管理要素四个大类。其中，管理要素既是引起事故的因素，又可通过安全管理对人、物、环境三直接要素进行统筹、管理、调节、控制。

人——实验室安全的重要核心。在实验室安全中，“人”是所有安全问题的核心，人既是安全的主体，又是安全的客体。于实验室安全保障上，“人身安全”是实验室安全保障的第一要务；于实验室安全建设上，“以人为本”是实验室安全建设始终贯彻的核心理念；于实验室安全管理上，提升“人”的安全意识和促使“人”掌握更多的安全知识是实现安全管理的第一关。

人是进行科研活动的主体，人的活动直接影响实验室的安全，人既是安全的维护者，也可能是安全的破坏者。研究表明，人在实验室中的行为安全与否主要来自安全意识、实验技能、个人防护和急救技能等方面。面对危险、隐患，当人处于安全状态时，就会放松警惕，安全意识弱化；当人无心责任时，就会旁而观之，安全责任淡漠；当人不具备安全技能时，也会“视若无睹”，或处置不当。因此，在维护实验室安全过程中，人的安全意识、安全责任和安全技能需要时时保持和不断更新。必须充分开发和调动人的主观能动性，将安全落实到每个人。

物——实验室安全的重要对象。实验室中行为主体——人支配的一切要素都可以归属为物的范畴，主要包括机械、设备、设施和材料。物是实验室安全保障的重要对象，“物”安全与其所处的位置和状态直接相关，如危险化学品及危险设备。危险化学品购买、存储、使用、废弃全过程都与安全息息相关，只有保证危险化学品在全生命周期内动态的闭环管理，才能实现真正安全。危险设备安全使用流程：正规购买→安全学习及考试；学习仪器使用方法并通过仪器使用考试→仪器使用批准→使用→使用记录→定期检查。合理化使用最大化保证了实验设备安全。

作为实验室安全的重要保障对象——“物”，使其处于安全的位置和安全的功能状态，是消除事故隐患的基础。

环境——实验室安全的重要条件。“环境”主要指实验室室内环境，包括室内建设布局、安全通道设置、温度、湿度、光照、通风、给排水等情况。环境因素受主客观条件影响较大，其存在的危险和有害因素往往具有突发性、隐蔽性。如：实验室安全消防通道无堵塞，保证通畅、安全；实验室的通风、给排水、供电无负荷，保证布局合理、安全；实验室报警系统、监控系统无死角，保证预警、安全。

环境安全是实验室安全保障必不可少的条件。

管理——实验室安全的重要保障。安全管理、安全教育和安全技术有机结合的安全管理体系为实验室安全提供重要保障。安全管理和安全教育可以让人们形成安全思想观念，提高安全素质；安全技术可以提供技术保障，能减少或消除危险。

通过计划、组织、协调、控制和激励等规范的管理手段，实验室安全管理体系能预防实验室安全风险，降低实验室发生安全事故的概率，有效地发挥实验室人、物、环境的最大效益，实现教学、科研的目的。构建安全管理体系，应该遵循以下几个原则：

第一，人本原则。实验室安全管理的最终受益者以及安全事故的最终受害者都是人。安全体系管理需根据人的思想和行为规律，制定相应的安全规章制度，规划每个人的责任和义务。只有形成人人要安全、人人管安全的共识，每个人主动参与安全管理，才能确保安全管理无死角。

第二，全面原则。实验室安全体系涉及人、物、环境的各个方面，是全方位、全过程、全天候和涉及全体人员的管理。实验室安全需要部门联动、师生协作，充分调动各方力量来完成。

第三，实用原则。实验室安全体系具有针对性和可操作性。一方面反映高校实验室安全工作现状，另一方面体系内容具备可操作性，须保证管理内容及措施能有效发挥作用，在一定范围内获得最佳秩序和效益，降低意外事故出现的概率。

人、物、环境三个基本要素按内在逻辑规律互相关联、互相制约、互相补充转化为四个因素，实验室四要素组织关系如图 1-2 所示。四要素之间的再相互作用、配合、协调，最终实现实验室安全动态平衡。全面可行的实验室安全是高校完成人才培养目标的必需与必要因素，也是当代高校发展建设的首要课题。

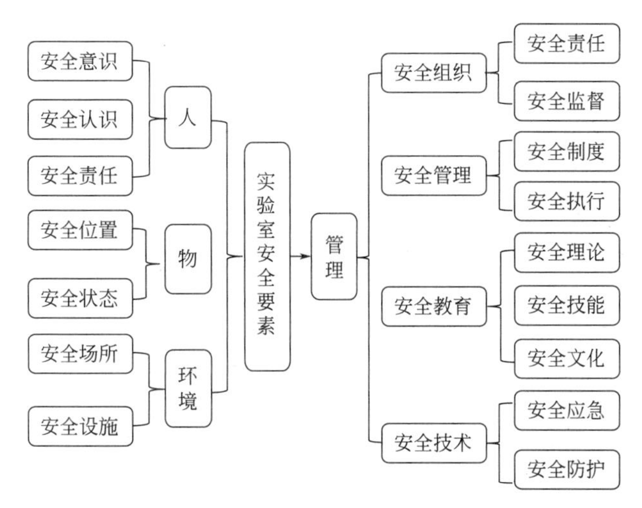

图 1-2 实验室安全要素关系图

二、实验室危险源认识

近年来，随着高等教育教学改革的持续推进，作为高校教学、科研主阵地的实验室不断引入多学科融合的新实验、新方法和新设备，实验室危险源的现状变得越发复杂，实验室安全面临着越来越严峻的挑战。危险源作为实验室安全管理中的首要环节，它的重要性不言而喻，只有正确识别危险源，才能有的放矢地采取有效措施控制危险源，最大限度地预防事故发生，减少事故损失。

（一）实验室危险源分类

实验室危险源交叉性强、分布广、辨识分类难度大，针对其本质特点，我们对实验室人、物、环境、管理四大安全要素进行辨识，首先辨识第一类危险源，在此基础上辨识第二类危险源，进而辨识更深层次的第三类危险源。

1. 实验室第一类危险源

能发生意外释放的能量（载体）或危险物质，实验室常见的机械加工装置、危险化学品、危害生物、危险废弃物、辐射装置、高压高温设备等物质型危险源。第一类危险源是事故发生的前提，没有能量或危险物质的意外释放，事故也就无从谈起。

2. 实验室第二类危险源

导致约束、限制能量的措施失控、失效或破坏的各种不安全因素，包括人、物、环境三个方面的问题。人安全意识不足，人技能不足、操作不当等；物的故障，如加热设备温控失灵、高速设备失控、压力设备阀门损坏等；不良运行的环境，如消防器材缺失或失效，通风、控温设施失效。

3. 实验室第三类危险源

能够促发第一类、第二类危险源发生作用的一类危险源，包括安全管理决策及组织（组织程序、监督管理、制度规则）的失误。如：安全制度不完善、安全管理不落实、安全培训不到位、安全检查不执行、安全应急预案不健全等都属于此类。

第一类危险源决定事故后果的严重程度，第二类危险源决定事故发生的可能性大小，第三类危险源决定第一、二类危险源出现的可能性大小，三类危险源事故相互作用如图 1-3 所示。因此，危险源控制应首先在控制第一类危险源的基础上，再对第二、三类危险源进行控制管理。

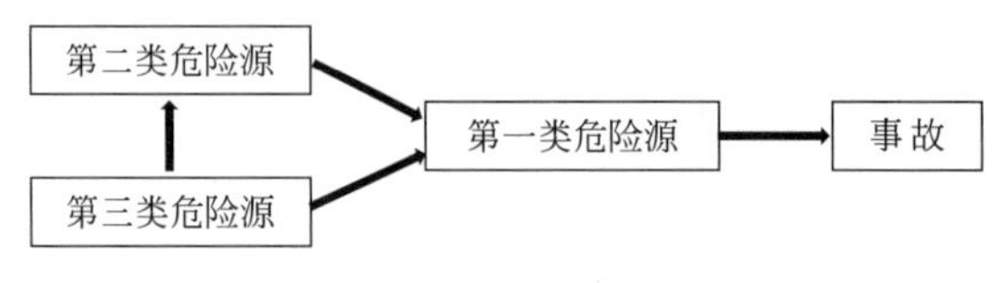

图 1-3　三类危险源事故作用模型图

（二）实验室危险源辨识与控制

实验室危险源的存在是安全事故发生的根源。据教育部开展的 2015—2017 年高校实验室安全督查发现，高校实验室存在的安全问题包括危险源不明确，难以有效辨识，安全管理缺乏针对性、系统性和科学性等。因此，实验室三类危险源的辨识是实现安全管理目标的首要条件。高校实验专业不同、实验过程不同、实验目的不同，三类危险源辨识必须根据每个实验室的实际情况进行，通过对危险源的辨识和分析，才能针对性地采取措施，实现有效控制。

安全检查表（SCL）法辨识实验室危险源：实验室可根据自身专业、教学科研的特点，按照编制好的安全检查表，对实验涉及的房间设施、设备、化学品、实验耗材、人员、实验过程进行系统安全检查，识别相关的所有危险源，分析其危险、危害，还需考虑假定现有的控制措施均已实施的情况下，控制失效、失败的危害后果。

1. 第一类危险源的辨识和控制

第一类危险源辨识是识别实验室存在危险特性的物质，并确定其本质特性及其数量。高校实验室的第一类危险源多种多样，主体危险源可以分为基础设施类（水电管路等）、化学类（危险化学品）、设备类（仪器设备等）、生物类（实验动物、微生物等）、实验室废弃物（实验室废液等）五大类。原则上，实验室的第一类危险源控制措施宜首先考虑消除危险源（如果可行），然后再考虑降低伤害或损坏发生的可能性或潜在的严重程度，最后考虑采用个体防护装备。

如危险化学品，首先建立危险化学品安全技术说明书（MSDS），辨识危险化学品的理化特性、健康危害、环境危害，再采取控制措施，包括：

（1）在保证实验性能、实验结果的前提下，首先考虑尽量不使用危险化学品，再考虑以低危害的化学品替代危险化学品。

（2）危险化学品正确存储、使用、处置废弃物的方法。

（3）化学品全生命周期动态管理，化学品存储、使用、废弃及实验废弃物处置形成一个闭环系统。

（4）事故发生后应急救护处置。做到“事前预防指导，事后应急可控”，从而把危险化学品带来的伤害降到最低。

2. 第二类危险源的辨识和控制

第二类危险源是导致约束、限制第一类危险源措施失控、失效或破坏的各种不安全因素。第二类危险源常与第三类危险源相互交融、相互作用，导致第一类危险源演变成事故。高校实验室第二类危险源多学科交叉而繁杂，从而形成不易辨识、不易控制的危险源。如：

（1）新研制仪器设备存在一些设计上的未知缺陷，正常联锁防控失效而导致事故发生。

（2）人对新发现生物的致病因子认识不足，常规防护失效而导致事故发生。

（3）通风设施电路老化引发防护失败，有害气体外泄导致事故发生。

第二类危险源难以用消除、替代等技术手段进行控制，多有赖于第三类危险源中人的管理控制。

3. 第三类危险源的辨识和控制

第三类危险源能够促发第一类、第二类危险源发生作用。这类危险源需要国家、政府、高校、全体师生共同关注，共同参与，才能有效控制。国家、政府需要加强安全法律法规的制定并进行有效监控。高校需要加强安全组织建设，规范安全监督管理，全体师生需要提高安全意识、提高安全技能等等。对第三类危险源的辨识和控制，是实验室安全管理最重要的环节。

通过对实验室的安全检查可辨识常见的第三类危险源，如安全制度不完善、安全管理不落实等，多采取以下管理控制手段：

（1）实验室安全制度上墙，安全标志、标识清晰明了。

（2）加强安全培训，明确岗位负责制。

（3）严格执行各种管理制度，杜绝危险的发生。

（4）确实落实准入制度，安全考核合格后方可进入实验室。

（5）加强专业培训，保证持证上岗。

（6）完善应急预案，定期举行应急演练。

（7）加强校园安全文化建设等。

高校实验室安全防控的主要内容是利用危险源辨识有针对性地控制危险源，因此明确现阶段引发高校实验室事故的主体危险源，制订科学合理的防控措施是实验室安全防控工作的关键之一。

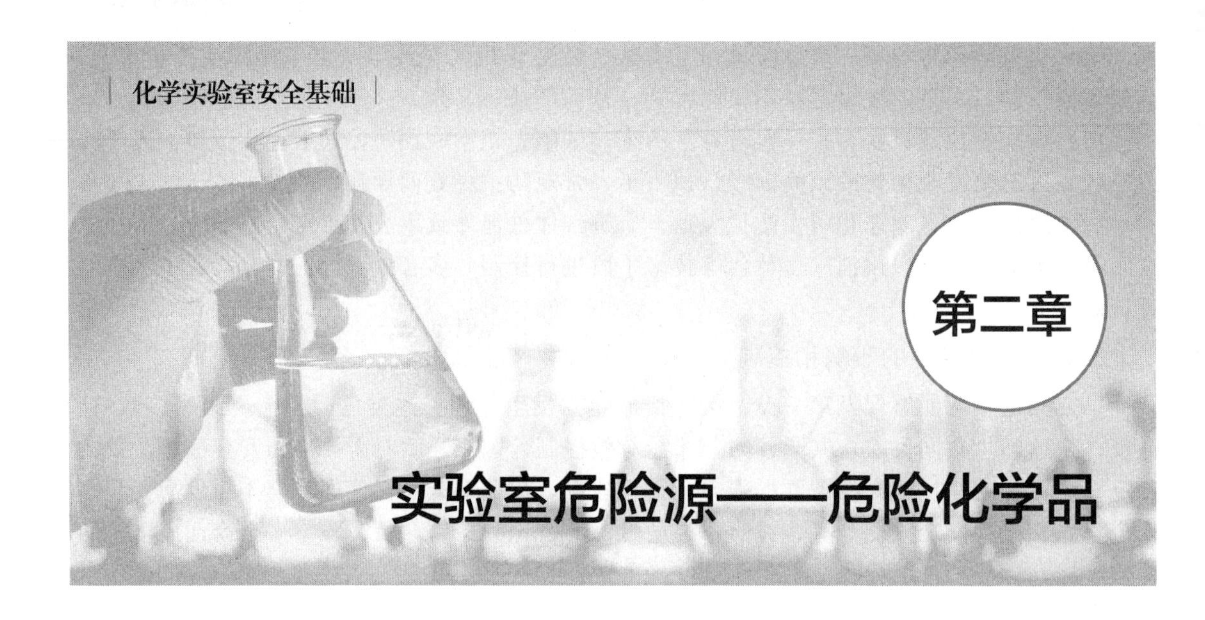

《化学品危险性评价通则》（GB/T 22225—2008）定义化学品为“各种化学元素、由元素组成的化合物及其混合物”，也就意味着无论是天然的还是合成的固体、液体和气体，都属于化学品。据美国《化学文摘》登录，目前全世界已有的化学品多达700万种，其中作为商品上市的有10万余种，经常使用的有7万多种，现在全世界每年新出现的化学品有1000多种。

《危险化学品安全管理条例》（国务院令第591号，2011年12月1日起施行）指出：危险化学品是指具有毒害、腐蚀、爆炸、燃烧、助燃等性质，对人体、设施、环境具有危害的剧毒化学品和其他化学品。危险化学品在遇到摩擦、撞击、震动、接触火源、日光暴晒、遇水受潮、温度变化或碰到性能相抵触的其余物质等外界因素影响时，会引起焚烧、爆炸、中毒、灼伤等安全事故，所以在运输、储藏、生产、经营、使用和处理中需要特别加以防备。

危险化学品在生产、储存、运输、销售和使用过程中，因其易燃、易爆、有毒、有害等危险特性，常会引发火灾和爆炸等危险事故，造成巨大的人员伤亡和财产损失。很多事故发生的原因是缺乏相关危险化学品安全基础知识，不遵守操作和使用规范，以及对突发事故处理不当。高校与之相关的实验教学及科研活动中，不可避免地涉及危险化学品的储存、使用及安全管理，加强实验室危险化学品的严格管理和规范使用，保障人员及学校财产安全，防止发生环境污染及安全事故，建设和谐校园，是高校实验室管理的重要组成部分。因此，必须了解常见危险化学品的危险特性和储存等相关知识。

第一节　认识危险化学品

一、危险化学品危险信息获取

我国《危险化学品安全管理条例》明确规定：危险化学品生产企业应当提供与其生产的危险化学品相符的化学品安全技术说明书，并在危险化学品包装（包括外包装件）上粘贴或者拴挂与包装内危险化学品相符的化学品安全标签。化学品安全技术说明书和化学品安全标签所载明的内容应当符合国家标准的要求。危险化学品生产企业发现其生产的危险化学品有新的危险特性的，应当立即公告，并及时修订其化学品安全技术说明书和化学品安全标签。

教学、科研实验中经常会涉及各种危险化学品，任何一本实验教材都无法提供包含全部危险化学品的危险性、防护应急等安全信息，每位师生都应了解《危险化学品安全管理条例》“一书一签”，学习相关的基本常识，并认真对待公示的危险信息，提高危险化学品的安全意识。唯有这样，才能有效保证实验室安全运行，减少人身、环境的安全事故。

（一）化学品安全标签

化学品安全标签是危险化学品在市场上流通时应由供应者提供的附在化学品包装上的，用于提示接触化学品的人员的一种标识，是传递安全信息的载体。化学品安全标签应用简单、明了、易于理解的文字、图形、颜色表述有关化学品危险特性及其安全处置的注意事项。《化学品安全标签编写规定》（GB 15258—2009）规定了化学品安全标签的内容、格式和制作等事项。

1. 化学品安全标签内容

（1）名称。用中英文分别标明危险化学品的通用名称。名称要求醒目清晰，位于标签的正上方。名称应与化学品安全技术说明书中的名称一致。

（2）分子式。可用元素符号和数字表示分子中各原子数，居名称的下方。若是混合物此项可略。

（3）化学成分及组成。标出化学品的主要成分和含有的有害组分、含量或浓度。

（4）编号。应标明联合国危险货物运输编号和中国危险货物运输编号，分别用 UNNo. 和 CNNo. 表示。

（5）标志。采用联合国《关于危险货物运输的建议书》和《化学品分类和标签规范》（GB 30000. 2～GB 30000. 29—2013 规定的象形图）规定的符号。每种化学品最多可选用两个标志。标志符号居于标签右边。

（6）警示词。根据化学品的危险程度，分别用“危险”“警告”“注意”三个词进行危害程度的警示。当某种化学品具有两种及两种以上的危险性时，用危险性最大的警示词。警示词一般位于化学品名称下方，要求醒目、清晰。警示词分类应用的一般原则参见表 2-1 警示词与化学品危险性类别的对应关系。

表 2-1　警示词与化学品危险性类别的对应关系

警示词	化学品危险性类别
危 险	爆炸品、易燃气体、有毒气体、低闪点液体、一级自燃物品、一级遇湿易燃物品、一级氧化剂、有机过氧化物、剧毒品、一级酸性腐蚀品
警 告	易燃气体、中闪点液体、一级易燃固体、二级自燃物品、二级遇湿易燃物品、二级氧化剂、有毒品、二级酸性腐蚀品、一级碱性腐蚀品
注 意	高闪点液体、二级易燃固体、有害品、二级碱性腐蚀品、其他腐蚀品

（7）危险性说明。简要概述化学品燃烧爆炸危险特性、健康危害和环境危害。说明要与安全技术说明书的内容相一致。居于警示词下方。先后顺序：按物理危害、健康危害、环境危害顺序排列。

（8）安全措施。表述化学品在处置、搬运、储存和使用作业中所必须注意的事项和发生意外时简单有效的救护措施等，要求内容简明扼要、重点突出。

（9）灭火。若化学品为易（可）燃或助燃物质，应提示有效的灭火剂和禁用的灭火剂以及灭火注意事项。

（10）批号。注明生产日期和生产班次。生产日期用××××年××月××日表示；班次用××表示。

（11）资料参阅提示语。提示向生产销售企业索取安全技术说明书。

（12）生产企业名称、地址、邮编、电话。

（13）应急咨询电话。填写化学品生产企业的应急咨询电话和国家化学事故应急咨询电话。标准样例见图 2-1。

对于≤100mL 的化学品小包装，为了方便标签使用，安全标签因素可以简化，只包含化学品名称、标志、警示词、危险性说明、应急咨询电话、生产企业名称及联系电话、资料参阅提示语即可。简化标签样例见图 2-2。

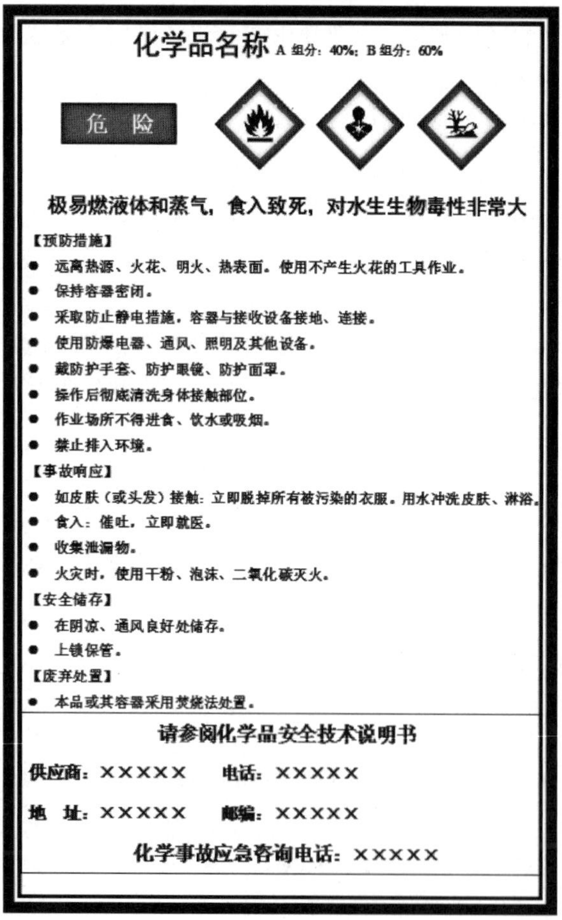

化学品名称 A 组分：40%；B 组分：60%

危 险

极易燃液体和蒸气，食入致死，对水生生物毒性非常大

【预防措施】
- 远离热源、火花、明火、热表面。使用不产生火花的工具作业。
- 保持容器密闭。
- 采取防止静电措施，容器与接收设备接地、连接。
- 使用防爆电器、通风、照明及其他设备。
- 戴防护手套、防护眼镜、防护面罩。
- 操作后彻底清洗身体接触部位。
- 作业场所不得进食、饮水或吸烟。
- 禁止排入环境。

【事故响应】
- 如皮肤（或头发）接触：立即脱掉所有被污染的衣服。用水冲洗皮肤、淋浴。
- 食入：催吐，立即就医。
- 收集泄漏物。
- 火灾时，使用干粉、泡沫、二氧化碳灭火。

【安全储存】
- 在阴凉、通风良好处储存。
- 上锁保管。

【废弃处置】
- 本品或其容器采用焚烧法处置。

请参阅化学品安全技术说明书

供应商：××××× 电话：×××××

地 址：××××× 邮编：×××××

化学事故应急咨询电话：×××××

图 2-1 危险化学品标准标签样例图

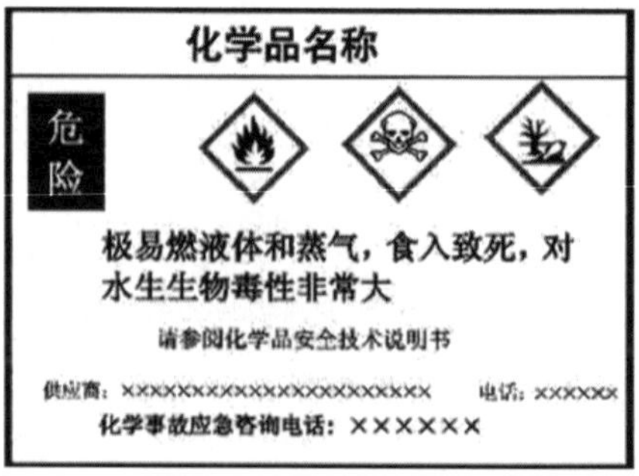

化学品名称

危险

极易燃液体和蒸气，食入致死，对水生生物毒性非常大

请参阅化学品安全技术说明书

供应商：×××××××××××××××××××× 电话：××××××

化学事故应急咨询电话：××××××

图 2-2 危险化学品简化标签样例图

由于安全标签只是法规要求的标签之一，产品出售还需有工商标签、运输还需有铁路和公路等要求的运输标志，为使安全标签和工商标签、运输标志之间减少冲突，协调一致，降低企业的成本，可以将三种标签融为一体，形成一个整体。

三种标签合并印刷时，要注意三个标签的内容、设计和颜色等方面协调一致。参照国际运输要求，可将安全标签所要求的 UN 编号和 CN 编号与运输标志合并，样例见图 2-3。

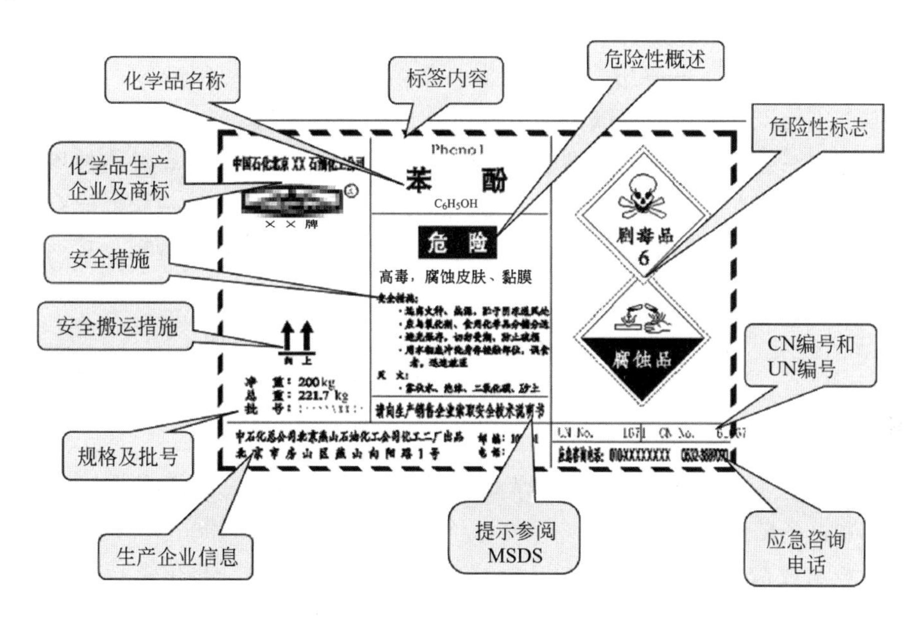

图 2-3 危险化学品安全标签样例图

2. 化学品安全标签使用方法

（1）使用方法

标签应粘贴、挂拴、喷印在化学品包装或容器的明显位置。多层包装运输，原则上要求内外包装都应加贴（挂）安全标签，但若外包装上已加贴安全标签，内包装是外包装的衬里，内包装上可免贴安全标签；外包装为透明物，内包装的安全标签可清楚地透过外包装，外包装可免加标签。

（2）标签位置

标签的位置规定如下：

① 桶、瓶形包装：位于桶、瓶侧身。

② 箱状包装：位于包装端面或侧面明显处。

③ 袋、捆包装：位于包装明显处。

④ 集装箱、成组货物：位于四个侧面。

（二）化学品安全技术说明书

化学品安全技术说明书（safety data sheet for chemical products，SDS）提供了化学品（物质或混合物）在安全、健康和环境保护等方面的信息，推荐了防护措施和紧急情况下的应对措施。在一些国家（美国、加拿大，澳洲以及亚洲许多国家），化学品安全技术说明书又被称为物质安全技术说明书（material safety data sheet，MSDS），但国际标准化组织ISO 11014中则使用化学品安全技术说明书（SDS）。

化学品安全技术说明书（SDS）是化学品生产或销售企业按法律要求向客户提供的有关化学品特征的一份综合性法律文件。它提供化学品的理化参数、燃爆性能、对健康的危害、安全使用、储存、泄漏处置、急救措施以及有关的法律法规等十六项内容。SDS可由生产厂家按照相关规则自行编写。但为了保证报告的准确性和规范性，可向专业机构申请编制。SDS不仅是化学品供应商向下游用户传达化学品基本安全信息的一种载体，同时还能够向公共机构、服务机构以及其他涉及该化学品的有关方传递这些信息。

化学品使用者在采买产品时应向供应商索要化学品安全技术说明书，并由使用单位妥当保留。它是化学品使用者必不可少的工具，是辨识化学品危险性，安排适合的储存地址和储存方式，研究确立产品保养举措，安排适合的运输方式，拟订安全操作规程，采纳相应的消防、安全防备及抢救举措的主要依据。

1. 化学品安全技术说明书内容

《化学品安全技术说明书　内容和项目顺序》（GB/T 16483—2008）规定了化学品安全技术说明书的内容，包含16部分：

（1）化学品及企业标识，主要标明化学品名称、生产企业名称、地址、邮编、电话、应急电话、传真和电子邮件地址等信息。

（2）成分或组成信息，标明该化学品是纯化学品还是混合物。纯化学品，应给出其化学品名称或商品名和通用名。混合物，应给出危害性组分的浓度或浓度范围。无论是纯化学品还是混合物，如果其中包含有害性组分，则应给出《化学文摘》索引登记号（CAS号）。

（3）危险性概述，概述本化学品最重要的危害和效应，主要包括：危害类别、侵入途径、健康危害、环境危害、燃爆危险等信息。

（4）急救措施，指作业人员受到意外伤害时，所需采取的现场自救或互救的简要处理方法，包括：眼睛接触、皮肤接触、吸入、食入的急救措施。

（5）消防措施，主要标示化学品的物理和化学特殊危险性，合适的灭火介质，不合适的灭火介质以及消防人员个体防护等方面的信息，包括：危险特性、灭火介质和方法、灭火注意事项等。

（6）泄漏应急处理，指化学品泄漏后现场可采用的简单有效的应急措施、注意事项和消除方法，包括：应急行动、应急人员防护、环保措施、消除方法等内容。

（7）操作处置与储存，主要指化学品操作处置和安全储存方面的信息资料，包括：储存室或储存容器的设计和选择；与工作场所和居住建筑的隔离；不能共存的材料；储存条件，如温度、湿度和避光；应提倡和避免的工作方法；个体防护。

（8）接触控制和个体防护，在生产、操作处置、搬运和使用化学品的作业过程中，为保护作业人员免受化学品危害而采取的防护方法和手段。包括：最高容许浓度、工程控制、呼吸系统防护、眼睛防护、身体防护、手防护、其他防护要求。

（9）理化特性，主要描述化学品的外观及理化性质等方面的信息，包括：外观与性状、

pH 值、沸点、熔点、相对密度（水＝1）、相对蒸气密度（空气＝1）、饱和蒸气压、燃烧热、临界温度、临界压力、辛醇/水分配系数、闪点、引燃温度、爆炸极限、溶解性、主要用途和其他一些特殊理化性质。

（10）稳定性和反应性，主要叙述化学品的稳定性和反应活性方面的信息，包括：稳定性、禁配物、应避免接触的条件、聚合危害、分解产物。

（11）毒理学资料，提供化学品的毒理学信息，包括：不同接触方式的急性毒性（LD_{50}——半数致死剂量、LC_{50}——半数致死浓度）、刺激性、致敏性、亚急性和慢性毒性、致突变性、致畸性、致癌性等。

（12）生态学资料，主要陈述化学品的环境生态效应、行为和转归，包括：生物效应（如 LD_{50}、LC_{50}）、生物降解性、生物富集、环境迁移及其他有害的环境影响等。

（13）废弃处置，是指对被化学品污染的包装和无使用价值的化学品的安全处理方法，包括废弃处置方法和注意事项。

（14）运输信息，主要指国内、国际化学品包装、运输的要求及运输规定的分类和编号，包括：危险货物编号（CN 编号）、包装类别、包装标志、包装方法、UN 编号及运输注意事项等。

（15）法规信息，主要是化学品管理方面的法律条款和标准。

（16）其他信息，主要提供其他对安全有重要意义的信息，包括：参考文献、填表时间、填表部门、数据审核单位等。

其中第（1）、（2）、（3）部分阐述化学品基本物质信息和危害信息；第（4）、（5）、（6）部分包含的是事故发生时必要的应急信息；第（7）、（8）、（9）、（10）部分则是预防和控制危险的相关信息；第（11）～（16）部分是化学品安全的其他主要信息。

2. 化学品安全技术说明书的作用

化学品安全技术说明书作为基础的技术文件，主要用途是传递安全信息，化学品生产企业编印，作为服务随商品交付给用户。化学品用户在接收使用化学品时，要认真阅读，了解和掌握化学品的安全信息。其主要作用体现在：

（1）是化学品安全生产、安全流通、安全使用的指导性文件。

（2）应急作业人员进行应急作业时的技术指南。

（3）为危险化学品生产、处置、储存和使用各环节制订安全操作规程提供技术信息。

（4）为危害控制和预防措施的设计提供技术依据。

（5）是化学品登记注册的主要基础文件。

（6）是用户安全教育的主要内容。

（三）危险化学品标志

危险化学品标志是用来表示危险品的物理、化学性质，以及危险程度的标志。它可提醒人们在运输、储存、保管、搬运等活动中警示、注意。它是用直观简单、易于理解的图形辅助文字传递危险化学品的危险特性、安全信息、安全处置等注意事项，以便作业人员进行安全操作、安全运输、安全处置。

联合国《全球化学品统一分类和标签制度》（GHS）（第六修订版）中危险化学品象形

图如图 2-4 所示。

《危险货物分类和品名编号》（GB 6944—2012）及联合国《关于危险货物运输的建议书·规章范本》（TDG）中危险货物运输象形图见图 2-5。

图 2-4 GHS 危险化学品危险类别象形图

（符号：黑色，底色：橙红色）
1爆炸品（1.1，1.2，1.3）
1.4
（符号：黑色，底色：橙红色）
1爆炸品（1.4）
1.5
（符号：黑色，底色：橙红色）
1爆炸品（1.5）
1.6
（符号：黑色，底色：橙红色）
1爆炸品（1.6）
（符号：黑色，底色：正红色）
2气体（2.1 易燃气体）
（符号：白色，底色：正红色）
2气体（2.1 易燃气体）
（符号：黑色，底色：绿色）
2气体（2.2 非易燃无毒气体）
（符号：白色，底色：绿色）
2气体（2.2 非易燃无毒气体）
（符号：黑色，底色：白色）
2气体（2.3 毒性气体）
（符号：黑色，底色：正红色）
3易燃液体
（符号：白色，底色：正红色）
3易燃液体
（符号：黑色，底色：白色红条）
4（4.1 易燃固体）
（符号：黑色，底色：上白下红）
4（4.2 易于自燃的物质）
（符号：黑色，底色：蓝色）
4（4.3 遇水放出易燃气体的物质）
（符号：白色，底色：蓝色）
4（4.3 遇水放出易燃气体的物质）

图 2-5

图 2-5 危险货物运输形象图

《化学品分类和危险性公示 通则》（GB 13690—2009）、《化学品分类和标签规范》（GB 30000 系列）中细化危险化学品标志，构成标签要素。图 2-6 所示为爆炸危险化学品标签要素分配。

爆炸物						
不稳定爆炸物	1.1 项	1.2 项	1.3 项	1.4 项	1.5 项	1.6 项
					无象形图 1.5, 底色橙色	无象形图 1.6, 底色橙色
危险	危险	危险	危险	警告	危险	无信号词
不稳定爆炸物	爆炸物：整体爆炸危险	爆炸物：严重进射危险	爆炸物：燃烧、爆轰或进射危险	燃烧或进射危险	遇火可能整体爆炸	无危险说明
《规章范本》无指定象形图（不允许运输）	1.1 * 1	1.2 * 1	1.3 * 1	1.4 * 1	1.5 * 1	1.6 * 1

注：关于《规章范本》中象形图要素颜色的说明：

(1) 1.1、1.2和1.3项：符号为爆炸的炸弹，黑色；底色为橙色：项号(1.1、1.2或1.3，根据情况)和配装组 (*) 位于下半部，数字"1"位于下角,黑色。

(2) 1.4、1.5和1.6项：底色为橙色；数字为黑色；数字"1"在底角处；配装组 (*) 位于下半部，数字"1"位于下角，黑色。

(3) 1.1、1.2和1.3项的象形图，也用于具有爆炸次要危险性的物质，但不标明项号和配装组。

图 2-6 爆炸危险化学品标签要素分配

二、危险化学品分类与定义

目前常见的、用途较广的危险化学品有 3000～4000 多种，危险品的品种繁多，性质各异，危险程度也各不相同，在日常的生产、销售、储存、运输等过程中如果处理不当就会引起安全事故，危害人身健康和财产安全，破坏生态环境。随着科学的进步和经济的发展，危险化学品的安全管理已经引起全球的普遍关注。对危险化学品进行系统分类是危险化学品安全管理的基础，只有按化学品自身特有的危险性进行分类管理，才能减少在日常生产、储存、销售、运输过程中发生意外，避免安全事故的发生。

（一）危险化学品分类

世界各国普遍接受并采用的是联合国规章和有关国际组织的规章：联合国《全球化学品统一分类和标签制度》（GHS）（第六修订版）、联合国《关于危险货物运输的建议书·规章范本》（TDG）、国际海事组织制定的《国际海运危险货物规则》（IMDG Code）、联合国欧洲经济委员会会制定的《国际公路运输危险货物协定》和《国际内河运输危险货物协定》、国际航空运输协会制定的《危险品规则》（DGR）等。其中最具有权威性的是联合国《全球化学品统一分类和标签制度》（GHS）和《关于危险货物运输的建议书·规章范本》

(TDG)，是其他规章制定的蓝本。

在我国，除了采用以上规章外，还制定了相关的标准，主要有《危险货物分类和品名编号》(GB 6944—2012)、《危险货物品名表》(GB 12268—2012)、《危险化学品目录》(2015版）以及《化学品分类和危险性公示　通则》(GB 13690—2009)、《化学品分类和标签规范》(GB 30000.2～30000.29）等。这些规章、标准是危险化学品分类的依据，为危险化学品的管理提供基础保证。

《化学品分类和危险性公示　通则》(GB 13690—2009）是按照联合国《全球化学品统一分类和标签制度》(GHS)（第2修订版）制定的。按化学品危害性分为3大类27小项：理化危险（16小类）、健康危险（10小类）、环境危险（1小类）。

《化学品分类和标签规范》(GB 30000.2～30000.29）是依照联合国《全球化学品统一分类和标签制度》(GHS)（第4修订版）制定的。技术内容与GHS（第4修订版）完全一致。按照化学品危害性分为3大类28项：物理危害（16项）、健康危害（10项）、环境危害（2项）。

2016年10月安全监督管理总局会同工业和信息化部等10个部门共同发布了《危险化学品目录》(2015版)，它依照联合国《全球化学品统一分类和标签制度》（简称GHS，“紫皮书”）考虑到化学品对人类和自然环境产生的危害，将危险化学品分为物理危害（16项）、健康危害（10项）和环境危害（2项）三大类28项，涉及相关化学品共计2828种；又根据判别标准与逻辑，将危险化学品的每类危险性细分为不同危险类别，以数字或英文字母等表示，包含物理危害类别45个、健康危险类别30个、环境危险类别6个，共计81个危险类别，分类标准与GHS第4修订版完全一致。详细见表2-2《危险化学品目录》的危险化学品分类一览表。

表2-2　《危险化学品目录》的危险化学品分类一览表

化学品危害	危险种类	危险类别
物理危害	1. 爆炸物	不稳定爆炸物1.1、1.2、1.3、1.4、1.5、1.6
	2. 易燃气体	类别1、类别2、化学不稳定性气体类别A、化学不稳定性气体类别B
	3. 气溶胶(又称气雾剂)	类别1
	4. 氧化性气体	类别1
	5. 加压气体	压缩气体、液化气体、冷冻液化气体、溶解气体
	6. 易燃液体	类别1、类别2、类别3
	7. 易燃固体	类别1、类别2
	8. 自反应物质和混合物	A型、B型、C型、D型、E型
	9. 自燃液体	类别1
	10. 自燃固体	类别1
	11. 自热物质和混合物	类别1、类别2
	12. 遇水放出易燃气体的物质和混合物	类别1、类别2、类别3
	13. 氧化性液体	类别1、类别2、类别3
	14. 氧化性固体	类别1、类别2、类别3
	15. 有机过氧化物	A型、B型、C型、D型、E型、F型
	16. 金属腐蚀物	类别1

续表

化学品危害	危险种类		危险类别
健康危害	17.急性毒性		类别1、类别2、类别3
	18.皮肤腐蚀/刺激		类别1A、类别1B、类别1C、类别2
	19.严重眼损伤/眼刺激		类别1、类别2A、类别2B
	20.呼吸道或皮肤致敏		呼吸道致敏物1A、呼吸道致敏物1B、皮肤致敏物1A、皮肤致敏物1B
	21.生殖细胞致突变性		类别1A、类别1B、类别2
	22.致癌性		类别1A、类别1B、类别2
	23.生殖毒性		类别1A、类别1B、类别2、附加类别
	24.特异性靶器官毒性——一次接触		类别1、类别2、类别3
	25.特异性靶器官毒性——反复接触		类别1、类别2
	26.吸入危害		类别1
环境危害	27.危害水生环境	急性危害	类别1、类别2
		长期危害	类别1、类别2、类别3
	28.危害臭氧层		类别1

《危险货物分类和品名编号》(GB 6944—2012)、《危险货物品名表》(GB 12268—2012)二者则依照联合国《关于危险货物运输的建议书・规章范本》(简称《规章范本》,“橙皮书”),从生产运输安全角度将危险化学品分为9大类20项。详细见表2-3《危险货物分类和品名编号》的危险化学品分类一览表。

表2-3　《危险货物分类和品名编号》的危险化学品分类一览表

类　别	项别	危　险　性
第1类　爆炸品	1.1项	整体爆炸危险的物质和物品
	1.2项	有迸射危险但无整体爆炸危险的物质和物品
	1.3项	有燃烧危险并有局部爆炸危险或局部迸射危险 或这两种危险都有但无整体爆炸危险的物质和物品
	1.4项	不呈现重大危险的物质和物品
	1.5项	有整体爆炸危险的非常不敏感物质
	1.6项	无整体爆炸危险的极端不敏感物品
第2类　气体	2.1项	易燃气体
	2.2项	非易燃无毒气体
	2.3项	毒性气体
第3类　易燃液体		
第4类　易燃固体、易于自燃的物质、遇水放出易燃气体的物质	4.1项	易燃固体(自反应物质,遇水放出易燃气体的物质)
	4.2项	易于自燃的物质(易燃物品)
	4.3项	遇水放出易燃气体的物质(遇湿易燃物品)
第5类　氧化性物质和有机过氧化物	5.1项	氧化剂(氧化性物质)
	5.2项	有机过氧化物

续表

类　别	项别	危　险　性
第 6 类　毒性物质和感染性物质	6.1 项	毒害物质(毒害品)
	6.2 项	感染性物质(感染性物品)
第 7 类　放射性物质		
第 8 类　腐蚀性物质		
第 9 类　杂项危险物质和物品		

不同行业又根据自身的特殊情况，制订符合特点的国家标准。如建筑行业依据《建筑设计防火规范》(GB 50016—2014)，根据生产中使用或产生物质性质及其数量，分为甲（7种)、乙（6种)、丙（2种)、丁（3种)、戊，共5类别19种；仓储行业依据《仓储场所消防安全管理通则》(XF 1131—2014)，根据存储物质的可燃类型、燃烧特性及其数量，分为甲（6种)、乙（6种)、丙（2种)、丁、戊，共5类别16种等。

化学品危险性分类步骤：

目前，对于现有的化学品，可对照《危险货物品名表》(GB 12268—2012)、《危险化学品目录》(2015版）和《化学品分类和标签规范》(GB 30000.2～30000.29)，确认其对应的危险性、类/项别及包装要求。

新的化学品或混合物，则必须通过分类鉴定。分类鉴定主要步骤：首先是查找已有的数据库，利用文献数据对相应的化学品进行危险性初步评估，然后进行针对性实验，具体实验方法和项目参照联合国《关于危险货物运输的建议书　试验和标准手册》进行；对于在原有的数据库检索不到相关文献资料的，则需要通过全面的实验对危险性进行查询。最后根据实验结果按照《危险货物分类和品名编号》(GB 6944—2012）和《化学品分类和危险性公示通则》(GB 13690—2009）两个标准对化学品进行分类。

运输部门要根据《危险货物分类和品名编号》中不同类/项的危险品的不同危险性，进行相应的包装、仓储、运输，主要侧重的是危险品的物理危害和急性健康效应，因此未涉及危险品各种接触所引起的健康危害及环境危害的慢性效应。《危险化学品目录》则未考虑仓储、运输中的急性危害，如《危险货物分类和品名编号》中6.2项感染性物质、第7类放射性物质。还有一些危险货物不属于危险化学品情况，如第9类中除危害环境物质以外的杂项危险品（锂电池、磁性物质、高温物质、航空限制的物质等）以及一些危险物品（铅酸电池等)。二者之间比较见表2-4。

表 2-4　《危险货物分类和品名编号》与《危险化学品目录》分类比较

《危险货物分类和品名编号》分类	《危险化学品目录》分类
第 1 类　爆炸品	1. 爆炸物
第 2 类　2.1 项易燃气体	2. 易燃气体
	3. 气溶胶(又称气雾剂)
第 5 类　5.1 项 氧化性物质	4. 氧化性气体
第 2 类　2.2 项 非易燃无毒气体	5. 加压气体
第 2 类　2.3 项 毒性气体	
第 3 类　易燃液体	6. 易燃液体

续表

《危险货物分类和品名编号》分类		《危险化学品目录》分类	
第4类	4.1项 易燃固体	7.易燃固体	
		8.自反应物质和混合物	
第4类	4.2项 易于自燃的物质	9.自燃液体	
		10.自燃固体	
		11.自热物质和混合物	
第4类	4.3项 遇水放出易燃气体的物质	12.遇水放出易燃气体的物质和混合物	
第5类	5.1项 氧化剂(氧化性物质)	13.氧化性液体	
		14.氧化性固体	
第5类	5.2项 有机过氧化物	15.有机过氧化物	
第8类	腐蚀性物质	16.金属腐蚀物	
第6类	毒性物质和感染性物质	17.急性毒性	
第8类	腐蚀性物质	18.皮肤腐蚀/刺激	
		19.严重眼损伤/眼刺激	
		20.呼吸道或皮肤致敏	
		21.生殖细胞致突变性	
		22.致癌性	
		23.生殖毒性	
		24.特异性靶器官毒性——一次接触	
		25.特异性靶器官毒性——反复接触	
		26.吸入危害	
		27.危害水生环境	急性危害
			长期危害
		28.危害臭氧层	
第9类	杂项危险物质和物品		

（二）危险化学品定义

依据按物理、健康或环境危害的性质分类对危险化学品进行概述、举例。危险化学品的分类、警示标签和警示性说明参见《化学品分类和危险性公示 通则》（GB 13690—2009）及《化学品分类和标签规范》（GB 30000.2～30000.29）。

1.物理危害

（1）爆炸物

定义：一种固态或液态物质（或物质的混合物），其本身能够通过化学反应产生气体，而产生气体的温度、压力和速度能对周围环境造成破坏；其中也包括发火物质，即便它们不放出气体。如叠氮铅、TNT、二硝基苯、苦味酸钠等。

爆炸物包含爆炸物质和混合物、爆炸品和烟火物质（或混合物）三大类。

（2）易燃气体

定义：一种在20℃和标准压力101.3kPa时与空气混合有一定易燃范围的气体，如甲烷、氢气等。

（3）气溶胶

定义：凡分散介质为气体的胶体物系为气溶胶。它们的粒子大小约在100～10000nm之间，属于粗分散物系。常用的气溶胶是指喷射罐（是任何不可重新罐装的容器，该容器由金属、玻璃或塑料制成）内装有强制压缩、液化或溶解的气体（包含或不包含液体、膏剂或粉末），并配有释放装置以使内装物喷射出来，在气体中形成悬浮的固态、液态微粒或形成泡沫、膏剂、粉末，或者以液态或气态形式出现。

（4）氧化性气体

定义：一般通过提供氧气，比空气更能导致或促使其他物质燃烧的任何气体。如氧气、氯气。

（5）加压气体

定义：20℃下，压力等于或大于200kPa（表压）下装入贮器的气体，或是液化气体或冷冻液化气体。包括压缩气体、液化气体、溶解气体、冷冻液化气体。

（6）易燃液体

易燃液体是指闪点不高于93℃的液体。如：乙醚（闪点为－45℃）、乙醛（闪点为－38℃）、苯（闪点为－11℃）、乙醇（闪点为12℃）、丁醇（闪点为35℃）。

（7）易燃固体

易燃固体是指容易燃烧或通过摩擦可能引燃或助燃的固体。如硅粉、锰粉、钛粉、多聚甲醛、2-硝基联苯等。

（8）自反应物质或混合物

自反应物质或混合物是即使没有氧（空气）也容易发生激烈放热分解的热不稳定液态或固态物质或者混合物。本定义不包括根据统一分类制度分类为爆炸物、有机过氧化物或氧化物质的物质和混合物。如偶氮二异丁腈、苯磺酰肼、硝酸纤维等。

（9）自燃液体

即使数量小也能在与空气接触后5min之内引燃的液体。如：乙醚。

（10）自燃固体

即使数量小也能在与空气接触后5min之内引燃的固体。如黄磷、白磷、金属硫化物（硫化亚铁、硫化钠）、烷基铝、油棉纱、硝化棉等。

（11）自热物质

该物质是除自燃液体或自燃固体外，与空气反应不需要能量供应就能够自热的固态或液态物质或混合物。此物质或混合物与自燃液体或自燃固体的不同之处在于仅在大量（公斤级）并经过长时间（数小时或数天）才会发生自燃。如镁粉、锌粉、铝镁合金、代森锰制剂、硫氢化钠、二硫化钛等。

（12）遇水放出易燃气体的物质和混合物

指通过与水作用，容易具有自燃性或放出危险数量的易燃气体的固态或液态物质或混合物。如钠、钾、铝粉、碳化钙、磷化锌、硼氢化合物等。

（13）氧化性液体

氧化性液体是指本身未必可燃，但通常会放出氧气可能引起或促使其他物质燃烧的液体。如高氯酸、过氧化氢、铬酸等。

(14) 氧化性固体

本身未必可燃，但通常会放出氧气可能引起或促使其他物质燃烧的固体。如氯酸钾、硝酸铵、过氧化钠、高锰酸钾等。

(15) 有机过氧化物

有机过氧化物是含有二价—O—O—结构的液态或固态有机物质，可以看作是一个或两个氢原子被有机基替代的过氧化氢衍生物。有机过氧化物是可发生放热自加速分解、热不稳定的物质或混合物，此类还包括有机过氧化物配制物（混合物）。如过氧化二碳酸二异丙酯等。

(16) 金属腐蚀物

金属腐蚀物是指通过化学作用会显著损伤或毁坏金属的物质或混合物。如硝酸、硫酸、高氯酸、溴素等。

2. 健康危害

(1) 急性毒性

急性毒性是指经口或经皮肤给予物质的单次剂量或在 24h 内给予多次剂量，或者吸入接触 4h 之后出现的有害效应。如氰化钾、氰化钠、氰化钙等金属的氰化物等。

(2) 皮肤腐蚀

皮肤腐蚀是指对皮肤能造成不可逆损伤，即施用试验物质 4h 内，可观察到表皮和真皮坏死。典型的腐蚀反应具有溃疡、出血、血痂的特征，而且在 14d 观察期结束时，皮肤、完全脱发区域和结痂处由于漂白而褪色。应通过组织病理学检查来评估可疑的病变。

皮肤刺激是指施用试验物质达到 4h 后对皮肤造成可逆损伤。如硝酸、硫酸、甲酸、冰醋酸等。

(3) 严重眼损伤/眼刺激

严重眼损伤是指将受试物施用于眼睛前部表面进行暴露接触，引起了眼部组织损伤，或出现严重的视觉衰退，且在暴露后的 21d 内尚不能完全恢复。

眼刺激则指将受试物施用于眼睛前部表面进行暴露接触后眼睛发生的改变，且在暴露后的 21d 内出现的改变可完全消失，恢复正常。

(4) 呼吸道致敏物或皮肤致敏物

呼吸道致敏物是指吸入后会导致呼吸道过敏的物质。如偶氮二甲酰胺（ADCA）、六氢苯酐（HHPA）、甲基六氢苯酐（MHHPA）等。

皮肤致敏物则指皮肤接触后会导致过敏的物质。如食用海鲜、果仁，注射青霉素、磺胺类药物，空气中的花粉、灰尘、紫外线。

(5) 生殖细胞致突变性

特指能引起人类生殖细胞发生可遗传给后代的突变的化学品。在将物质和混合物划归这一危害类别时，还要考虑活体外致突变性/生殖毒性试验和哺乳动物活体内体细胞中的致突变性/生殖毒性试验。如苯、氯乙烯、氟化乙烯、氯丁二烯、甲醛、芥子气等。

(6) 致癌物

致癌物是可导致癌症或增加癌症发病率的物质或混合物。在实施良好的动物实验性研究中诱发良性和恶性肿瘤的物质和混合物，也被认为是假定的或可疑的人类致癌物，除非有确凿证据显示该肿瘤形成机制与人类无关。如黄曲霉素 B、1，4-氨基联苯、三氧化二砷等。

（7）生殖毒性

生殖毒性是指对成年雄性和雌性的性功能和生育能力的有害影响，以及对子代的发育毒性。如二溴氯丙烷是典型的生殖毒物，可致精子减少、活力缺乏和性腺发育不全，以致不育。镉、邻苯二甲酸二（2-乙基己基）酯可引起不同类型的睾丸损害，多环芳烃、博来霉素和二硫化碳可致雌性生殖系统的损害。

（8）特异性靶器官毒性——一次接触

一次接触物质和混合物可引起的特异性、非致死性的靶器官毒性作用，包括所有明显的健康效应，可逆的和不可逆的、即时的和迟发的功能损害。如二硫化碳、二氧化硒、甲醇、1,2-二溴乙烷等。

（9）特异性靶器官毒性——反复接触

反复接触物质和混合物可引起的特异性、非致死性的靶器官毒性作用，包括所有明显的健康效应，可逆的和不可逆的、即时的和迟发的功能损害。比如邻苯二甲酸苯胺、硫化镉、间二硝基苯、甲苯等。

（10）吸入危害

吸入危害特指通过口腔或鼻腔直接进入或者因呕吐间接进入气管和下呼吸系统的物质或混合物。如正己烷、煤油等。

3. 环境危害

（1）对水环境的危害

急性水生生物毒性：可对在水中短时间接触该物质的生物体造成伤害，是物质本身的性质。

慢性水生生物毒性：可对在水中接触该物质的生物体造成有害影响，接触时间根据生物体的生命周期确定，是物质本身的性质。如：含氰化物、苯酚的工业废水；含氯丹、六氯苯、灭蚁灵、毒杀芬等九种农药的有机持久污染物。

（2）对臭氧层的危害

危害臭氧层物质是指任何被列在《关于消耗臭氧层物质的蒙特利尔议定书》附件中的消耗臭氧层物质或者任何含有一种浓度≥0.1％的消耗臭氧层物质的混合物。如：冷冻与空调设备释放出的氯氟烃气体、含二噁英的汽车尾气等。

第二节　危险化学品安全控制

一、危险化学品危害

根据我国危险化学品的《化学品分类和标签规范》（GB 30000.2～30000.29）系列标准，与《化学品分类和危险性公示　通则》（GB 13690—2009）相关标准，危险化学品根据危险特性分为三大类，其危害也分为三大类：物理危害、健康危害和环境危害。一些危化品具有爆炸性、易燃性、腐蚀性、放射性等破坏力很大的物理危害，有些危化品试剂还具有呼吸过敏性、皮肤致敏性、生殖细胞致突变性、致癌性等对人体健康的毒害，多数危险化学品还能危害水生环境、危害臭氧层等对环境具有危害，这些具有危害性的危险化学品随时都能造成个人危害以及公共性安全危害。

（一）物理危害

1. 危险化学品燃爆性

许多危险化学品化学活性都很强，活性越强的物质易燃烧发生火灾、爆炸的危险性也就越大。

可燃性气体、压缩气体和液化气体、易燃液体、易燃固体、自燃物品和遇湿易燃物品、氧化剂和有机过氧化物等均可能发生燃烧而导致火灾事故，而除了爆炸品之外，这些危险化学品也都有可能引发爆炸事故。火灾造成的损失与燃烧时间的平方成比例，而爆炸造成的破坏几乎瞬间完成。燃爆的危害体现在以下几个方面。

（1）高温的破坏作用

燃烧爆炸时产生的高温、抛出的易燃物都有可能点燃附近储存的燃料或其他可燃物造成二次燃烧，引起火灾；高温辐射还可能使附近人员受到严重灼、烫伤害甚至死亡。

（2）爆炸的破坏作用

盛装易燃、易爆危险化学品的设备、装置、容器一旦发生爆炸，产生的碎片等会直接给周围大范围内人、建筑物等公共财产造成巨大伤害和破坏；爆炸时，产生的高温、高压气体极速膨胀生成冲击波。超压的冲击波传播速度极快，作用区域面积极大，对周围环境、建筑、公共设施产生彻底破坏，同时也能造成人员伤亡。

（3）人员中毒和环境污染

易燃、易爆危险化学品本身是具有毒性的，一旦发生爆炸事故时，会使大量有毒物质外泄，造成人员中毒和环境污染。此外，有些危险化学品本身毒性不强，但燃烧过程中可能生成有毒物质、有毒气体和烟雾，造成人员中毒和环境污染。

据统计，危险化学品的燃烧、爆炸所导致的事故占危险化学品事故的53%，伤亡人数占所有事故伤亡人数的50.1%。这些事故都是由于危险化学品自身的火灾爆炸危险造成的。

2. 危险化学品的腐蚀性

具有腐蚀性的危险化学品一旦接触人的皮肤、眼睛或肺部、食道等，会引起表皮细胞组织发生破坏作用而造成灼伤，严重的会引起炎症，而且被腐蚀性物品灼伤的伤口不易愈合。特别是接触氢氟酸时，能发生剧痛，使组织坏死，如不及时治疗，会导致严重后果。

3. 危险化学品的放射性

具有放射性的危险化学品能从原子核内部自行不断放出有穿透力的放射线（如α射线、β射线、γ射线）。人体组织在受到射线照射时，能发生电离，会产生3种类型、不同程度的损伤，包括：对中枢神经和大脑系统的伤害；对肠胃的伤害；对造血系统的伤害。

（二）健康危害

危险化学品可通过呼吸道、消化道和皮肤进入人体，在体内积蓄到一定剂量后，就会表现出中毒症状。危险化学品对身体健康的危害主要体现在以下几个方面。

1. 刺激

很多危险化学品对人体有刺激作用，一般受刺激的部位为皮肤、眼睛和呼吸系统。皮肤接触时，能引起不同程度的皮炎，从而导致皮肤干痒、粗糙、疼痛；与眼睛接触，轻则引起眼部炎症，导致眼部疼痛、流泪等轻微的、暂时性的症状，重则导致眼睛失明的永久性伤残；一些危险化学品如二氧化硫、氯气等刺激性气体通过呼吸可引起鼻咽痛感、呼吸道刺激，甚至严重损害气管和肺组织。

2. 过敏

某些危险化学品可引起过敏，开始接触时可能不会出现过敏症状，然而长时间暴露会引起身体的反应，可引起皮肤或呼吸系统过敏。危化品如铬酸等可引起皮肤出现皮炎、皮疹或水泡等症状，这种症状不一定在接触的部位出现，而可能在身体的其他部位出现。危险化学品如甲苯、福尔马林等引起职业性哮喘、咳嗽、呼吸困难等症状，此类危险化学品即便是接触低浓度也会产生过敏反应。

3. 窒息

窒息涉及对身体组织氧化作用的干扰。这种症状分为两种：单纯窒息和化学窒息。单纯窒息是由于周围氧气被惰性气体所代替，如氮气、二氧化碳、乙烷、氢气或氦气，而使氧气量不足以维持生命的继续。化学窒息（血液内窒息、细胞内窒息）是由于化学物质直接影响机体传送氧以及和氧结合的能力，典型的化学窒息性物质就是一氧化碳。空气中一氧化碳含量达到0.05%时就会导致血液携氧能力严重下降，亦称血液内窒息。

4. 麻醉和昏迷

高浓度的某些危化品，如乙醇、丙醇、丙酮、丁酮、乙炔、乙醚、异丙醚会导致中枢神经抑制。此类危化品有类似醉酒的作用，一次大量接触可导致昏迷甚至死亡。

5. 中毒

人体由许多系统组成，所谓全身中毒是指化学物质引起的对一个或多个系统产生有害影响并扩展到全身的现象，这种作用不局限于身体的某一点或某一区域。

身体与有毒化学品之间的相互作用是一个复杂的过程，不同器官受到的损伤也不一样，例如乙醇、四氯化碳、三氯乙烯、氯仿等引起黄皮肤、黄眼睛等肝损伤的症状。同一种毒性危化品引起的急性和慢性中毒，损害的器官也不同。例如，苯急性中毒主要表现为对中枢神经系统的麻醉作用，而慢性中毒主要为对造血系统的损害。

6. 致癌

长期接触某些危化品可能引起身体细胞的无节制生长，形成恶性肿瘤。这类肿瘤可能在第一次接触危化品的许多年以后才表现出来，潜伏期一般为4～10年。如砷、铬、镍等物质可能导致肺癌；接触氯乙烯易引起肝癌；接触苯易引起再生障碍性贫血。

7. 致畸

一些危险化学品可能对未出生胎儿造成危害，干扰胎儿的正常发育。在怀孕期的前3个月，干扰正常的细胞分裂，干扰胎儿的脑、心脏、胳膊和腿等重要器官的发育，从而导致胎儿畸形。

8. 致突变

某些危化品可引起接触者基因发生改变而对遗传造成影响，导致后代发生不希望出现的变化。一些研究表明，80%～85%的致癌化学物质对后代有影响。

（三）环境危害

危化品生产、储存和运输过程中由于着火、爆炸、泄漏等突发性化学事故，致使大量有害化学品外泄进入环境；生产、使用产生的废弃物以废水、废气、废渣等形式排放进入环境；人为施用直接进入环境，如日常农业生产活动中农药、化肥的施用等。

含氮、磷及其他有机物的生活污水、工业废水可使水体的“富营养化”而导致“赤潮”和“水华”；重金属、农药、酚类、氰化物、砷化合物等污染物可在水生生物体内富集，造成其损害、死亡，破坏生态环境。泄漏的石油类可导致鱼类、水生生物死亡，还可引起“水上火灾”。生产农药、化肥等的工业废水排放导致土壤酸化、土壤碱化、土壤板结等危害。环境污染会给生态系统造成直接的破坏和影响，也会给人类社会造成间接的危害，有时这种间接的环境效应的危害比当时造成的直接危害更大，也更难消除。

工业生产产生的废气二硫化碳、二氧化碳等排放到大气中，会导致臭氧层破坏、温室效应，引起酸雨，形成光化学烟雾（如洛杉矶型烟雾）。臭氧层破坏将使太阳紫外线大量射入，造成皮肤癌等各种人类疾病增多。

二、危险化学品控制措施

（一）工程技术控制

工程技术是控制化学品危害最直接、最有效的方法，其目的是通过采取适当的措施，消除或降低使用危化品的危害，防止操作人员在正常使用时受到危险化学品的侵害。采取的主要措施是替代、变更工艺、隔离、通风、个体防护和保持个人卫生。

1. 替代

选用无毒或低毒的化学品替代已有的有毒有害危化品是消除危化品危害最根本的方法。例如，使用水基涂料或水基黏合剂替代有机溶剂基的涂料或黏合剂；使用水基洗涤剂替代溶剂基洗涤剂；使用三氯甲烷作脱脂剂而取代三氯乙烯；喷漆和除漆用的苯可用毒性小于苯的甲苯代替；制油漆的颜料铅氧化物用锌氧化物或钛氧化物替代；用高闪点化学品取代低闪点化学品等。

2. 变更工艺

虽然替代作为操作控制的首选方案很有效，但是目前可供选择的替代品往往是很有限的，特别是因技术和经济方面的原因，不可避免地要生产、使用危险化学品，这时可考虑变更技术工艺，例如改人工装料为机械自动装料、改干法粉碎为湿法粉碎等。有时也可以通过设备改造来控制危害，如氯碱厂电解食盐过程中生成的氯气过去是采用筛板塔直接用水冷却，结果现场空气中的氯含量、废水氯含量均超标，后来逐步改用钛制列管式冷却器进行间接冷却，现场的氯气污染问题得到较好的解决。

3. 隔离

隔离是指采用物理的方式将危化品暴露源与操作人员隔离开，是控制危化品危害最彻底、最有效的措施。最常见的隔离方法是将生产、使用的危化品完全封闭、隔离开来，使操作人员在生产、使用中尽量不接触化学品。如隔离整个操作设备，封闭操作过程中的扬尘点，都可以有效地限制污染物扩散到环境中。

4. 通风

一些危险化学品本身易挥发，或使用过程中产生有害气体、蒸气或粉尘，通风是最有效的控制措施。借助于有效的通风，使气体、蒸气或粉尘的浓度低于最高容许浓度。

通风分局部通风和全面通风两种。对于点式扩散源，可使用局部通风，使污染源处于有效通风控制范围内，如教学、科研实验室必备的通风橱等；对于面式扩散源，要使用全面通风，亦称稀释通风，其原理是向整个作业场所提供新鲜空气，抽出污染空气，从而降低有害气体、蒸气或粉尘浓度。设计全面通风时就要考虑空气流向等因素，因为全面通风的目的不是消除污染物，而是将污染物分散稀释，所以全面通风仅适合于低毒性、无腐蚀性污染物存在的作业场所。

5. 个体防护

生产、使用危险化学品时，操作人员应该选用合适的个体防护用品。个体防护用品是一道阻止有害物进入人体的屏障，防护用品一旦失效就意味着保护屏障的消失，因此个体防护虽然不能被视为控制危化品危害的主要手段，但也是有效的辅助性措施。

6. 保持个人卫生

除了以上控制措施外，作业人员养成良好的卫生习惯也是消除和降低化学品危害的一种有效方法。保持好个人卫生，就可以防止有害物附着在皮肤上，防止有害物通过皮肤渗入体内。使用危化品过程中保持个人卫生的基本原则是：

（1）严格遵守危化品安全操作规程并选用适当的防护用品。

（2）进入实验场所操作时正确穿戴个体防护用品。

（3）离开实验场所，正确脱换个体防护用品，并截留在实验区内。

（4）防护用品要按要求正确分类存放。

（5）不直接接触能引起过敏的化学品。

（6）工作结束后要充分洗净身体的暴露部分。

（二）管理控制

管理控制的目的是通过危险化学品的危害识别、安全教育、安全使用、安全储存、安全监管等措施对危险化学品实行全过程管理，从而杜绝或减少危化品事故的发生。

1. 危害识别

危险化学品的危害识别可从危化品安全标签和安全技术说明书中获得。

（1）安全标签

安全标签用简单、明了、易于理解的文字、图形表述有关化学品的危险特性及安全处置注意事项，以警示能接触到此化学品的人员。根据使用场合，安全标签分为供应商标签和作业场所标签（化学品安全周知卡）。

（2）安全技术说明书

安全技术说明书应详细描述化学品的物理危害、健康危害和环境危害，给出安全防护、急救措施、安全储运、泄漏应急处理、法规等方面的信息，是了解化学品安全卫生信息的综合性资料。

2. 安全教育

安全教育是危险化学品管理控制的一个重要组成部分。安全教育的目的是通过安全培训、安全学习、安全考试等手段使操作人员能正确认识、使用危险化学品，了解所使用的危化品的危害类别，掌握个体防护用品的选择、使用、维护和保养，掌握必要的应急处理方法和自救、互救措施，掌握急救、消防和泄漏等处置设施的正确使用。

安全教育的作用是使接触危险化学品的操作、管理人员能正确识别危害，自觉遵守规章制度和操作规程，从主观上预防和控制化学品危害。

3. 安全使用

（1）危险化学品使用防护方法

① 强氧化剂：氯酸盐、高氯酸盐、无机过氧化物、有机过氧化物等。此类物质因加热、撞击而发生爆炸；遇强酸、水、强还原剂都易反应，引起发热、着火、爆炸，故要远离烟火和热源，并避免撞击。

防护：有爆炸危险时，要戴防护面具。处理量大时，要穿耐热防护衣。

② 强酸类：HNO_3（发烟硝酸、浓硝酸）、H_2SO_4（无水硫酸、发烟硫酸、浓硫酸）、HCl（盐酸）等。强酸性物质与有机物或还原性物质等反应，往往会发热而着火。

防护：处理此类物质时，要在通风橱中进行，戴防酸橡胶手套、防飞溅面罩。

③ 自燃、低温着火类：P（黄磷、红磷）、硫化磷、S（硫黄）、金属（Mg、Al 等）粉、金属（Mg）条等。此类物质接触空气易着火，受热会着火，与氧化性物质混合会着火，硫黄粉末吸潮发热会着火，所以要远离热源或火源。

防护：要戴防护面具和耐热手套。有毒性时还需穿着全身防化服，避免身体暴露。

④ 禁水性物质：包括 Na、K、CaC_2（碳化钙）、Ca_3P_2（磷化钙）、CaO（生石灰）、$NaNH_2$（氨基钠）、$LiAlH_4$（氢化铝锂）等。金属钠或钾等物质与水反应，会放出氢气而引起着火、燃烧或爆炸；碳化钙与水反应产生乙炔，会引起着火、爆炸；磷化钙与水反应放出磷化氢（剧毒气体），易自燃或引起燃烧爆炸。

防护：使用这类物质时，要戴耐腐蚀橡胶手套或用镊子操作，不可直接用手操作。

⑤ 易燃物质：易燃物质的危险性大致可根据其燃点加以判断。燃点越低，危险性就越大。其分为两大类：一类是特别易燃物质，燃点－20℃以下和沸点在 40℃以下的物质，如乙醚、乙醛等。另一类是一般易燃物质，包括高度易燃性物质（燃点 20℃以下），室温易燃性很高，如（第一类石油产品）石油醚、汽油、醇类；中等易燃性物质（燃点 20～70℃左右），加热时容易着火，如（第二类石油产品）煤油、二甲苯、乙酸等，（第三类石油产品）重油、乙二醇等；低易燃性物质（燃点 70℃以上），高温加热时分解放出气体，容易引起着火。

防护：加热或处理量很大时，要准备好或戴上防护面具及防静电手套。物质引起火灾时，用二氧化碳或粉末灭火器灭火。

⑥ 易爆炸物质：易爆炸物质分为两类，一类是可燃性气体，可与空气混合，达到其爆炸界限时着火而发生燃烧爆炸；另一类是分解爆炸的物质，由于与还原性物质接触、加热或撞击而分解，产生突然气化的分解爆炸，本身为爆炸物。

防护：根据需要准备好或戴上防护面具、耐热防护衣或防毒面具。

⑦ 剧毒物质：直接接触剧毒物质时，从皮肤或黏膜等部位被吸收；以蒸气或微粒状态从呼吸道被吸入；以水溶液状态从消化道进入人体。

防护：使用有毒物质时，要准备好或戴上防毒面具及橡胶手套，有时要穿防毒衣。

（2）危险化学品取用方法

① 固体试剂的取用。固体粉末或小颗粒药品的取用可使用药匙，取用块状药品应用镊子；若需取用定量药品，须在天平上称量且应把药品置于纸上，易潮解或具有腐蚀性的药品要放在表面皿或玻璃容器内称量；取用药品应按量取用，若多了则不能倒回原瓶，应另装指定容器备作他用，以免污染整瓶药品；药品取出后应立即盖上瓶塞。

另外，在向试管内加药品时，应把药品放在对折的纸片上，再将纸片放入试管的 2/3 处，方可倒入药品；当加入块状固体时，应把试管倾斜，让药品沿管壁慢慢滑到底部，以免打破管底。

② 液体试剂的取用。应采用倾注法，即先将瓶盖取下，反放在实验台上；再左手持容器，右手拿试剂瓶贴标签的一侧，慢慢倾斜试剂瓶，让试剂溶液沿试管壁或玻璃棒注入所需的容量，随即将试剂瓶口在容器口上靠一下，再立起试剂瓶，以免残留瓶口的液滴流到瓶的外壁上；在用滴瓶取用药品时，要使用滴瓶配套的滴管，用后放回原试剂瓶中。

③ 部分特殊试剂取用。一些具有特殊性质的危化品根据其特殊危险性进行取用，例如：

a. 黄磷应浸于水中密闭保存，用镊子夹取后宜用小刀分切。

b. 钠、钾浸入无水煤油保存，宜用小刀分切。

c. 汞应低温密闭保存，宜用滴管吸取。若洒落桌面，可用硫黄粉覆盖。

d. 溴水应低温密闭保存，宜用移液管吸取，以防中毒与灼燃。

（3）其他安全措施

① 科学优化实验流程。在试验阶段，必须考虑对危化品安全性进行选择和优化实验。尽可能选用不燃或不易燃的危化品代替易燃危化品；尽可能选用高沸点危化品代替低沸点危化品；尽可能选用电阻率较小的危化品代替电阻率大的危化品；尽可能选用无毒或毒性较小的危化品代替剧毒或毒性较大的危化品；最大限度地降低危化品使用量。通过前期安全试验工作，从本质上消除或降低危化品的危险、危害性。

② 加强通风换气。为保证易燃、易爆、有毒危化品泄漏的气体在实验环境中不超过爆炸、中毒的危险浓度，整个实验尽量在通风橱中进行。

③ 消除、控制引火源。为了防止火灾和爆炸，消除、控制引火源是切断燃烧三要素的一个重要措施。引火源主要有明火、高温表面、摩擦和撞击、电气火花、静电火花和化学反应放热等。当易燃危化品使用中存在上述引火源时会引燃溶剂形成火灾、爆炸。因此，必须特别注意消除和控制可能产生引火源的情况。

④ 配备消防器材。配备足够的消防器材，可应对突发的火警事件，将事故消灭在萌芽状态。使用危险化学品前，了解其危险性、危害，一旦发生事故，选择合适种类的消防器材。

⑤ 及早发现、防止蔓延。为了及时掌握险情，防止事故扩大，对使用、储存危险化学品的场所应在危险部位设置可燃气体检测报警装置、火灾检测报警装置、高低液位检测报警装置、压力和温度超限报警装置等。通过声、光、色报警信号警告操作人员及时采取措施，消除隐患。

4. 安全储存

危险化学品是实验室必备的物品，如果保存管理不当就会对人类健康造成威胁，参照

《危险化学品仓库储存通则》(GB 15603—2022)、《易燃易爆性商品储存养护技术条件》(GB 17914—2013)、《腐蚀性商品储存养护技术条件》(GB 17915—2013)等相关法律法规，危险化学品的储存需做到以下几点。

(1) 危险品安全保管

① 储存场所应符合有关安全规定，有防火、防爆、控温等安全措施。危险化学品必须按各自的危险特性分别存放试剂柜内，不得和普通试剂混存或随意乱放。

② 危险化学品场所、危险化学品试剂柜必须有专人管理。管理人员要有高度的责任感，懂得各种化学药品的危险特性，具有一定的防护知识。

③ 储存危险化学品室要配备相应的消防设施，如灭火器、灭火毯等，专管人员要定期检查。

④ 定期对危险化学品的包装、标签、状态进行认真检查，并核对库存量，务必使账物一致。

⑤ 对实验中有危险药品的遗弃废液、废渣要及时收集，妥善处理，不得在实验室存留，更不得随意倒在下水道。

⑥ 危险化学品的管理和使用方面如出现问题，除采取措施迅速排除外，必须及时向上级如实报告，不得隐瞒。

(2) 危险化学品配液的管理

① 试剂瓶应放在药品柜内，放在架上的试剂和溶液要避光、避热。

② 试液瓶附近勿放置发热设备如电炉等。

③ 试液瓶内液面上的内壁凝聚水珠的，使用前要振摇均匀。

④ 每次取用试液后要随手盖好瓶塞，切不可长时间让瓶口敞开。

⑤ 吸取试液的吸管应预先清洗干净并晾干。同时取用相同容器盛装的几种试液要防止瓶塞盖错造成交叉污染。

⑥ 已经变质、污染或失效的试液应该随即倒掉，重新配制。

5. 安全监管

实验室危险化学品应实施七项安全监管原则。七项监管原则为：专人、专库、专柜原则；分类保管原则；先出先用原则；定期查、报原则；出入库登记原则；管制化学品“五双管”原则；注意环保原则。

(1) 专人、专库、专柜管理原则

安排具有相应专业水平、管理水平和高度责任心的专职管理人员，从事危险化学品的保管工作，管理人员必须熟悉药品试剂的性能、用途、保存期、储存条件等；尽量设立独立、朝北的房间作为储存室。注意避免阳光直射（室温过高易导致试剂分解失效）；室内安装通风换气设备；将试剂柜架制成阶梯状，并从上到下依次编号；选择专用试剂柜，有利于危化品的隔离存放。

(2) 分类保管原则

合理的系统分类是良好的规范化管理的必要保证。将所有危化品分类，依其名称、规格、厂家、批号、包装、储存量以及储存位置一一登记造册、编号，并建立查找系统。试剂柜贴上本柜储存的药品目录，方便取用。试剂的一般分类、存放方法总结如表 2-5 所示。

表 2-5 危险化学品的存放和分类

分类		存放、排列方法
无机物	盐及氧化物：钠盐、钾盐、钙盐等	一般按元素周期表排列
	碱类：氢氧化钠、氢氧化钾等	
	酸类：硫酸、盐酸、硝酸等	
有机物	烃类、醇类、酚类、醛类、酮类等	按官能团分类排序
	酸碱指示剂、氧化还原指示剂、络合滴定指示剂、荧光指示剂、染料等	依序排列
	有机试剂	按测定对象或官能团分类
	生物染色素	按红橙黄绿青蓝紫顺序摆放

危化品的详细分类存放可参照《危险化学品仓库储存通则》（GB 15603—2022）附录 A 危险化学品储存配存表（见附录附表 1）。

① 腐蚀品应放在防腐蚀试剂柜的下层；或下垫防腐蚀托盘，置于普通试剂柜的下层。

② 还原剂、有机物等不能与氧化剂、硫酸、硝酸混放。

③ 强酸（尤其是硫酸），不能与强氧化剂的盐类（如高锰酸钾、氯酸钾等）混放；遇酸可产生有害气体的盐类（如氰化钾、硫化钠、亚硝酸钠、氯化钠、亚硫酸钠等）不能与酸混放。

④ 易产生有毒气体（烟雾）或难闻刺激气味的化学品应存放在配有通风吸收装置的试剂柜内。

⑤ 金属钠、钾等碱金属应储存于煤油中；黄磷、汞应储存于水中。

⑥ 易水解的药品（如醋酸酐、乙酰氯、二氯亚砜等）不能与水溶液、酸、碱等混放。

⑦ 卤素（氟、氯、溴、碘）不能与氨、酸及有机物混放。

⑧ 氨不能与卤素、汞、次氯酸、酸等接触。

(3) 先出先用原则

根据出厂日期和保质期，先出厂的或快到保质期的药品、试剂应先用，以免过期失效，造成浪费。

(4) 定期查、报原则

定期查看危险化学品的保存环境条件是否合格，如有变化，立刻采取措施；查看危化品的瓶签，如被腐蚀，应立即重新补写，写明试剂名称、规格、分子式、分子量等，不可只写名称；查包装，如有破损，立即采取弥补措施；查试剂质量，如有失效，应立刻清理出柜；查库存量，决定采购与否。

(5) 出入库登记原则

设立试剂入账本和出账本，做好领用登记。

(6) 管制化学品“五双管”原则

双人收发、双人保管、双人领取、双把锁、双本账。

(7) 注意环保原则

管理人员应具有强烈的环保意识以及相应的环保知识，对失效、变质的危化品应集中存放，小心保管，尽快由专业人员或在专业人员指导下进行无害处理，切不可将未经处理的危化品随意丢入垃圾箱或冲入下水道，避免造成对环境的污染或意外事故的发生。

易爆品应与易燃品、氧化剂隔离存放，宜存于20℃以下，最好保存在防爆试剂柜、防爆冰箱或经过防爆改造的冰箱内。

三、危险化学品事故及处置

（一）危险化学品事故类型

实验室发生的事故中人员伤亡和财产损失比较大的大多是危险化学品事故。根据危险化学品的易燃易爆、有毒、腐蚀等危险特性，可将危险化学品事故的类型分为以下几类。

1. 危险化学品火灾事故

易燃、易爆危险化学品引发的火灾事故。此类火灾往往发展成爆炸事故，造成重大的人员伤亡。单纯危化品火灾一般不会造成重大的人员伤亡。由于大多数危险化学品在燃烧时会放出有毒气体或烟雾，因此在危险化学品火灾事故中，人员伤亡的原因往往是中毒窒息。

2. 危险化学品爆炸事故

危险化学品发生化学反应的爆炸事故或液化气体和压缩气体的物理爆炸事故。

3. 危险化学品中毒和窒息事故

指人体吸入、食入或接触有毒有害危险化学品或者化学反应的产物而导致的中毒和窒息事故。

4. 危险化学品灼伤事故

指腐蚀性危险化学品意外地与人体接触，在一定时间内在人体被接触表面发生化学反应，造成明显伤害的事故。化学灼伤有一个化学反应过程，开始并不感到疼痛，要经过一段时间才表现出严重的伤害，并且伤害还会不断地加深。因此，化学品灼伤危害较大。

5. 危险化学品泄漏事故

指气体或液体危险化学品发生了一定规模的泄漏，虽然没有发展成为火灾、爆炸或中毒事故，但造成了严重的财产损失或环境污染等后果的危险化学品事故。

6. 其他危险化学品事故

指不能归入上述5类危险化学品事故的其他危险化学品事故。主要指危险化学品的险肇事故（未遂事故），如危险化学品罐体倾斜，但却没有发生火灾、爆炸、中毒和窒息、灼伤、泄漏等事故。

（二）危险化学品事故特点

1. 突发性强，不易控制

突发危险化学品灾害事故的发生原因多且复杂，且发生的时间、地点具有不确定性和偶然性，突发性强，瞬间发生爆炸、火灾，污染迅速扩散。

2. 涉及面广，损失巨大

危险化学品事故如果不能及早控制，极易酿成灾难性后果，造成惨重的人员伤亡和巨大的经济损失，也会给社会声誉带来极大损害。事故处置救援过程中如果处理不当可能导致二次伤害或事故扩大。

3. 具有延时性

危险化学品中毒具有一定的延时性，当时并没有明显地表现出来，而是在几个小时甚至几天以后症状才显现出来，甚至危及生命。

4. 污染环境，破坏严重

危险化学品不仅带来人员伤亡、经济损失、社会影响，而且还会污染大气、土壤、水体，另外在事故处置中需要用到大量的灭火剂或者冷却液等材料，如若控制不好，又会造成对环境的二次污染。有些环境污染极难消除，并产生一系列次生灾害且后期彻底处置修复非常困难，导致生态环境长期破坏。

5. 救援难度大，专业性强

由于现场应急处置情况复杂，存在高温、高压、有毒、剧毒等危险，同时受到其他各种不利因素影响，使得围堵、处置、救治难度增大，风险增加。

危险化学品事故的后果严重，只有了解危险化学品事故类型、事故特点，才能有效地控制紧急事件的发生，有效地防止紧急事件扩大。

（三）危险化学品事故处置

1. 危险化学品火灾事故处置措施

（1）一般危险化学品火灾事故处置措施

① 扑救前，迅速了解燃烧危险化学品及其周边物质的危险特性、判明火灾类型，选择最适当的灭火剂和灭火方法。

② 火场救助人员应针对燃烧的危险化学品及燃烧产物危险性质采取合适的自我防护措施，如合适的防护面具、专用防护服等。

③ 扑救人员应占领上风或侧风阵地进行火情侦察、火灾扑救。

④ 针对危险化学品火灾蔓延快和燃烧面积大的特点，首先采取堵截火势、控制蔓延的措施，再重点突破、分割包围，最后逐步扑灭。

⑤ 一旦发现有可能发生爆炸、爆裂、喷溅等特别危险的情况，需按照统一的撤退信号和撤退方法及时紧急撤退。

⑥ 火灾扑灭后，仍然要派人监护现场，消灭余火。

（2）易燃液体火灾事故处置措施

① 灭火前，首先了解和掌握着火危险化学品的危险特性（包括密度、水溶性、毒害、腐蚀、沸点等），以便采取相应的灭火和防护措施。

② 易燃液体一般储存在容器内或用管道输送，与气体不同的是，一般都是常压，只有反应锅（炉、釜）及输送管道内的液体压力较高。针对危险特性选择合适的灭火方式进行灭火。

a. 比水轻又不溶于水的液体（如汽油、苯等），用水灭火往往无效，可用普通蛋白泡沫或轻水泡沫扑灭。用干粉扑救时灭火效果要视燃烧面积大小和燃烧条件而定，最好用水冷却，降低燃烧强度。

b. 比水重又不溶于水的液体（如二硫化碳），可用水覆盖在液面上灭火，用泡沫也有效。用干粉扑救时灭火效果要视燃烧面积大小和燃烧条件而定，最好用水冷却，降低燃烧强度。

c. 水溶性的液体（如醇类、酮类等），理论上可用水稀释扑救，但需要大量的水才能使液体闪点消失，可能造成危险化学品液体溢流；选择普通泡沫会受到水溶性液体的破坏，最好用抗溶性泡沫扑救，用干粉扑救时，灭火效果要视燃烧面积大小和燃烧条件而定，也需用水冷却，降低燃烧强度。

③ 切断火势蔓延的途径，冷却和疏散受火势威胁的密闭容器和可燃物，控制燃烧范围，有液体流淌时，应采取合适手段拦截或疏导漂散流淌的易燃液体。

④ 注意事项：

a. 毒性、腐蚀性液体火灾或燃烧产物具有毒性的火灾，必须选用专用防护服、专业防护面具，尽量使用隔绝式空气面具。

b. 沸溢和喷溅的液体火灾（如原油、重油等），必须注意观察沸溢、喷溅的征兆，计算可能发生沸溢、喷溅的时间。一旦发现危险征兆，及时撤退。

c. 易燃液体管道或贮罐泄漏着火，先用泡沫、干粉、二氧化碳或雾状水等扑灭地上的流淌火焰，再扑灭泄漏口的火焰，进而迅速关闭阀门、堵住漏点，一次堵漏失败，可连续堵几次。

（3）压缩气体和液化气体火灾事故处置措施

① 首先应扑灭外围被火源引燃的可燃物火势，切断火势蔓延途径，控制燃烧范围，并积极抢救受伤和被困人员。

② 扑救气体火灾切忌盲目灭火，防止大量可燃气体泄漏出来与空气混合发生爆炸。

a. 贮罐或管道泄漏着火，只要判断阀门还有效，就应先设法找到气源阀门，只要关闭气体阀门，火势就会自动熄灭。

b. 贮罐或管道泄漏关阀无效时，首先选择用干粉、二氧化碳或水灭火，用水冷却罐体或管壁。一旦火扑灭，立即用堵漏材料堵漏，同时用雾状水稀释和驱散泄漏出来的气体。堵漏完成也就完成了灭火工作。

c. 如果一次堵漏失败，应立即将泄漏处点燃，使其恢复稳定燃烧，以防止较长时间泄漏出来的大量可燃气体与空气混合后形成爆炸危险，并准备再次灭火堵漏。

d. 如果确认泄漏口很大，根本无法堵漏，只需冷却着火容器及其周围容器和可燃物品，控制着火范围，一直到燃气燃尽，火势自动熄灭。

③ 注意事项：

a. 现场应密切注意各种危险征兆，一旦发现爆炸等危险征兆，及时撤退。

b. 如果火势中有压力容器或有受到热威胁的压力容器，能疏散的应尽量在水枪的掩护下疏散，不能疏散的应部署足够的水枪进行冷却保护。

2. 危险化学品泄漏事故处置措施

（1）堵漏准备

① 易燃易爆泄漏物，事故中心区应严禁火种、切断电源；设置边界警戒线，禁止车辆、人员进入，有序组织事故波及区人员的撤离。

② 有毒泄漏物，使用专用防护服、隔绝式空气面具，设置边界警戒线，禁止车辆、人员进入，有序组织事故波及区人员的撤离。

③ 进入现场救援人员必须配备个人防护器具。应急处理时严禁单独行动，必要时用水枪、水炮掩护。

（2）泄漏源控制

首先关闭阀门，立即停止一切作业；检查漏点，根据危险特性采用合适的材料和技术手段堵住泄漏处。

（3）泄漏物处理

① 围堤堵截：筑堤堵截泄漏液体或者引流到安全地点。贮罐区发生液体泄漏时，要及时关闭雨水阀，防止物料沿明沟外流。

② 稀释与覆盖：对于泄漏形成的有害蒸气云，喷射雾状水加速气体向高空扩散；对于可燃气体，施放大量水蒸气或氮气破坏燃烧条件；对于液体，可用泡沫或其他覆盖物品覆盖泄漏物，在其表面形成覆盖层，抑制其蒸发。

③ 收容（集）：对于大量泄漏，可用隔膜泵将泄漏物抽入容器内；当小量泄漏时，可用砂子、吸附材料、中和材料等吸收中和。

④ 废弃：将收集的泄漏物运至废物处理场所处置。不得直接排入污水系统。

3. 危险化学品中毒处置措施

（1）若为皮肤中毒，应迅速脱去受污染的衣物，用大量流动的清水冲洗至少15min。

（2）若为吸入中毒，应迅速脱离中毒现场，移至上风方向空气新鲜处，同时解开患者的衣领，放松裤带，使其保持呼吸道畅通。

（3）若为口服中毒，中毒物为非腐蚀性物质时，可用催吐方法使其将毒物吐出；中毒物为强碱、强酸等腐蚀性强的物质时，催吐反使食道、咽喉再次受到损伤，可服牛奶、蛋清、豆浆、淀粉糊等，此时不能洗胃，也不能服碳酸氢钠，以防胃胀气引起穿孔。

（4）现场如发现中毒者发生心跳、呼吸骤停，应立即实施人工呼吸和体外心脏按压术，使其维持呼吸、循环功能。

4. 危险化学品灼伤的处置措施

化学腐蚀物品造成的化学灼伤与一般火灾的烧伤、烫伤不同，开始时往往感觉不太疼，但发觉时组织已灼伤。所以一旦发生化学灼伤应迅速采取淋洗等急救措施。

（1）对化学性皮肤烧伤，应立即移离现场，迅速脱去受污染的衣裤、鞋袜等，并用大量流动的清水冲洗创面20～30min，以稀释有毒物质，防止继续损伤和通过伤口吸收。新鲜创面上严禁任意涂抹油膏或红药水、紫药水，不要用脏布包裹；黄磷烧伤时应用大量清水冲洗、浸泡或用多层干净的湿布覆盖创面。

（2）化学性眼烧伤，要在现场迅速用流动的清水进行冲洗。

第三节　管制化学品及安全控制

我国制定了一系列更严格的法律法规，对剧毒、易制毒、易制爆、民用爆炸品、麻醉药品和精神药品等化学品采取特殊方法管理和控制，上述化学品简称管制化学品。

管制化学品的用途广泛，既可合法用于工农业生产、医药、科研、教学和群众日常生活等方方面面造福民生，而一旦流入非法渠道又可用于制造毒品、精神依赖药品、爆炸武器、生化武器等，给国家安全、经济建设、人身安全造成重大危害。可见，管制化学品同时具有有益和有害的两面性决定了其具有管制性。换句话来说，该类化学品不能像普通化学品一样自由买卖，也不能像毒品等违禁品一样被完全禁止，而是需要由国家行政机关对管制化学品的生产、买卖、储存、使用、运输、报废和进出口等流通环节开展管制工作，预防和减少相关事故的发生。

2005 年国务院颁发了第 445 号国务院令，公布《易制毒化学品管理条例》，2014 年、2016 年、2018 年又分别进行了增补、修订，共涉及 3 大类、23 种易制毒化学品。2016 年国家安全生产监督管理总局会同工业和信息化部等 10 个部门共同发布了《危险化学品目录》(2015 版)，其中明确剧毒化学品共计 148 种。根据《危险化学品安全管理条例》(国务院令第 344 号，2013 年修订版) 第 23 条规定，公安部于 2017 年编制了《易制爆危险化学品名录》(2017 版)，共涉及 9 大类、74 种易制爆化学品。2006 年国务院颁发了第 466 号国务院令《民用爆炸物品安全管理条例》，2014 年进行修正。2006 年国防科学技术工业委员会、公安部制定了《民用爆炸物品品名表》，将民用爆炸物品分为 5 大类 59 个品种。2005 年国务院颁发了第 442 号国务院令《麻醉药品和精神药品管理条例》，2013 年、2016 年又分别进行修订，《麻醉药品和精神药品目录》(2013 版) 涉及麻醉药品 121 种，第一类精神药品 68 种，第二类精神药品 81 种。

一、认识管制化学品

(一) 剧毒化学品

剧毒化学品，指列入国家安全生产监督管理总局会同工业和信息化部、公安部等部门确定并公布的《危险化学品目录》、符合剧毒物品毒性判定标准、标注为剧毒化学品的化学品。常见的有叠氮化钠、氧化汞、氯化汞、氰化钾、氰化钠等。

剧烈毒性判定界限：急性毒性类别Ⅰ。满足下列条件之一：大鼠实验，经口 $LD_{50} \leqslant 5mg/kg$，经皮 $LD_{50} \leqslant 50mg/kg$，吸入 (4h) $LC_{50} \leqslant 100mL/m^3$ (气体) 或 0.5mg/L (蒸气) 或 0.05mg/L (尘、雾)。经皮 LD_{50} 的实验数据也可使用兔实验数据。《危险化学品目录》(2015 版) 分类为“剧毒”的化学品有 148 种。

1. 辨识依据

《危险化学品目录》(2015 版)。

2. 管控依据

《危险化学品安全管理条例》(国务院令第 344 号，2013 年修订版)；《剧毒化学品购买和公路运输许可证件管理办法》(公安部 77 号令)；《剧毒化学品、放射源存放场所治安防范要求》(GA 1002—2012)。

(1)《危险化学品安全管理条例》

第二十三条　生产、储存剧毒化学品或者国务院公安部门规定的可用于制造爆炸物品的危险化学品（以下简称易制爆危险化学品）的单位，应当如实记录其生产、储存的剧毒化学品、易制爆危险化学品的数量、流向，并采取必要的安全防范措施，防止剧毒化学品、易制爆危险化学品丢失或者被盗；发现剧毒化学品、易制爆危险化学品丢失或者被盗的，应当立即向当地公安机关报告。

生产、储存剧毒化学品、易制爆危险化学品的单位，应当设置治安保卫机构，配备专职治安保卫人员。

第二十四条　危险化学品应当储存在专用仓库、专用场地或者专用储存室（以下统称专用仓库）内，并由专人负责管理；剧毒化学品以及储存数量构成重大危险源的其他危险化学品，应当在专用仓库内单独存放，并实行双人收发、双人保管制度。

危险化学品的储存方式、方法以及储存数量应当符合国家标准或者国家有关规定。

第二十五条　储存危险化学品的单位应当建立危险化学品出入库核查、登记制度。

对剧毒化学品以及储存数量构成重大危险源的其他危险化学品，储存单位应当将其储存数量、储存地点以及管理人员的情况，报所在地县级人民政府安全生产监督管理部门（在港区内储存的，报港口行政管理部门）和公安机关备案。

第三十九条　申请取得剧毒化学品购买许可证，申请人应当向所在地县级人民政府公安机关提交下列材料：

（一）营业执照或者法人证书（登记证书）的复印件；

（二）拟购买的剧毒化学品品种、数量的说明；

（三）购买剧毒化学品用途的说明；

（四）经办人的身份证明。

县级人民政府公安机关应当自收到前款规定的材料之日起3日内，作出批准或者不予批准的决定。予以批准的，颁发剧毒化学品购买许可证；不予批准的，书面通知申请人并说明理由。

剧毒化学品购买许可证管理办法由国务院公安部门制定。

(2)《剧毒化学品购买和公路运输许可证件管理办法》

第五条 经常需要购买、使用剧毒化学品的，应当持销售单位生产或者经营剧毒化学品资质证明复印件，向购买单位所在地设区的市级人民政府公安机关治安管理部门提出申请。符合要求的，由设区的市级人民政府公安机关负责人审批后，将盖有公安机关印章的《剧毒化学品购买凭证》成册发给购买或者使用单位保管、填写。

（一）生产危险化学品的企业申领《剧毒化学品购买凭证》时，应当如实填写《剧毒化学品购买凭证申请表》，并提交危险化学品生产企业安全生产许可证或者批准书的复印件。

（二）经营剧毒化学品的企业申领《剧毒化学品购买凭证》时，应当如实填写《剧毒化学品购买凭证申请表》，并提交危险化学品经营许可证（甲种）的复印件。

（三）其他生产、科研、医疗等经常需要使用剧毒化学品的单位申领《剧毒化学品购买凭证》时，应当如实填写《剧毒化学品购买凭证申请表》，并提交使用、接触剧毒化学品从业人员的上岗资格证的复印件。使用剧毒化学品从事生产的单位还应当提交危险化学品使用许可证、批准书或者其他相应的从业许可证明。

第六条　临时需要购买、使用剧毒化学品的，应当持销售单位生产或者经营剧毒化学品资质证明复印件，向购买单位所在地设区的市级人民政府公安机关治安管理部门提出申请。符合要求的，由设区的市级人民政府公安机关负责人审批签发《剧毒化学品准购证》。

申领《剧毒化学品准购证》时，应当如实填写《剧毒化学品准购证申请表》，并提交注明品名、数量、用途的单位证明。

(3)《剧毒化学品、放射源存放场所治安防范要求》

5.1.7 剧毒化学品应单独存放，不得与易燃、易爆、腐蚀性物品等一起存放。应由专人负责管理，按照剧毒化学品性能分类、分区存放，并做好贮存、领取、发放情况登记。登记资料至少保存1年。

(二) 民爆类化学品

民用爆炸物品是指用于非军事目的的各类火药、炸药及其制品和雷管、导火索等点火、起爆器材及公安部认为需要管理的其他爆炸物品。主要分类有：工业炸药及其制品、工业雷管、工业索类火工品、其他民用爆炸物品和原材料5大类59个品种。民用爆炸化学品的化学特性是易发生爆炸，并在贮运和使用过程潜伏着极大的事故隐患，典型民用爆炸化学品如硝酸铵、苦味酸等。

国防科技工业主管部门负责民用爆炸物品生产、销售的安全监督管理。公安机关负责民用爆炸物品公共安全管理和民用爆炸物品购买、运输、爆破作业的安全监督管理，监控民用爆炸物品流向。

1. 辨识依据

《民用爆炸物品品名表》(2006年)。

2. 管控依据

《民用爆炸物品安全管理条例》(国务院令466号)。

第二十一条 民用爆炸物品使用单位申请购买民用爆炸物品的，应当向所在地县级人民政府公安机关提出购买申请，并提交下列有关材料：

(一) 工商营业执照或者事业单位法人证书；

(二)《爆破作业单位许可证》或者其他合法使用的证明；

(三) 购买单位的名称、地址、银行账户；

(四) 购买的品种、数量和用途说明。

受理申请的公安机关应当自受理申请之日起5日内对提交的有关材料进行审查，对符合条件的，核发《民用爆炸物品购买许可证》；对不符合条件的，不予核发《民用爆炸物品购买许可证》，书面向申请人说明理由。

《民用爆炸物品购买许可证》应当载明许可购买的品种、数量、购买单位以及许可的有效期限。

第三十一条 申请从事爆破作业的单位，应当具备下列条件：

(一) 爆破作业属于合法的生产活动；

(二) 有符合国家有关标准和规范的民用爆炸物品专用仓库；

(三) 有具备相应资格的安全管理人员、仓库管理人员和具备国家规定执业资格的爆破作业人员；

(四) 有健全的安全管理制度、岗位安全责任制度；

(五) 有符合国家标准、行业标准的爆破作业专用设备；

(六) 法律、行政法规规定的其他条件。

（三）易制爆化学品

易制爆化学品是指可以作为原料或辅料而制成爆炸物品的化学品，其本身不属于爆炸物品，但是可以用于制造爆炸物品或经简单还原即可制造爆炸物品。易制爆化学品的特性是可以作为爆炸品的制作原料，具有强氧化性、易燃性、强还原性、强腐蚀性，在震动、撞击、高温等条件下易爆炸，如硝酸钾、硝酸钙、硝酸、锌粉、30%过氧化氢等。2017 年由公安部编制的《易制爆危险化学品名录》将易制爆化学品分为 9 大类：酸类、硝酸盐类、氯酸盐类、高氯酸盐类、重铬酸盐类、过氧化物和超氧化物类、易燃物还原剂类、硝基化合物、其他类，共计 74 种。

1. 辨识依据

《易制爆危险化学品名录》（2017 版）。

2. 管控依据

《危险化学品安全管理条例》（国务院令第 344 号，2013 年修订版）；《易制爆危险化学品治安管理办法》（公安部令第 154 号）；《易制爆危险化学品储存场所治安防范要求》（GA 1511—2018）。

（1）《危险化学品安全管理条例》

第二十三条　生产、储存剧毒化学品或者国务院公安部门规定的可用于制造爆炸物品的危险化学品（以下简称易制爆危险化学品）的单位，应当如实记录其生产、储存的剧毒化学品、易制爆危险化学品的数量、流向，并采取必要的安全防范措施，防止剧毒化学品、易制爆危险化学品丢失或者被盗；发现剧毒化学品、易制爆危险化学品丢失或者被盗的，应当立即向当地公安机关报告。

生产、储存剧毒化学品、易制爆危险化学品的单位，应当设置治安保卫机构，配备专职治安保卫人员。

（2）《易制爆危险化学品治安管理办法》

第十条　依法取得危险化学品安全生产许可证、危险化学品安全使用许可证、危险化学品经营许可证的企业，凭相应的许可证件购买易制爆危险化学品。民用爆炸物品生产企业凭民用爆炸物品生产许可证购买易制爆危险化学品。

第十一条　本办法第十条以外的其他单位购买易制爆危险化学品的，应当向销售单位出具以下材料：

（一）本单位《工商营业执照》《事业单位法人证书》等合法证明复印件、经办人身份证明复印件；

（二）易制爆危险化学品合法用途说明，说明应当包含具体用途、品种、数量等内容。

严禁个人购买易制爆危险化学品。

第二十六条　易制爆危险化学品应当按照国家有关标准和规范要求，储存在封闭式、半封闭式或者露天式危险化学品专用储存场所内，并根据危险品性能分区、分类、分库储存。

教学、科研、医疗、测试等易制爆危险化学品使用单位，可使用储存室或者储存柜储存易制爆危险化学品，单个储存室或者储存柜储存量应当在50公斤以下。

第二十八条 易制爆危险化学品从业单位应当建立易制爆危险化学品出入库检查、登记制度，定期核对易制爆危险化学品存放情况。

易制爆危险化学品丢失、被盗、被抢的，应当立即报告公安机关。

第三十条 构成重大危险源的易制爆危险化学品，应当在专用仓库内单独存放，并实行双人收发、双人保管制度。

（四）易制毒化学品

易制毒化学品是指用于非法生产、制造或合成毒品的原料、配剂等化学物品，包括用以制造毒品的原料前体、配剂及稀释剂、添加剂等。易制毒化学品本身不是毒品，但其具有双重性，既是一般医药、化工的工业原料，又是生产、制造或合成毒品必不可少的化学品。

所谓前体是指该类化学原料在制造、合成过程中其成分为毒品的主要成分，如麻黄素、黄樟素等。配剂是指在制造或合成毒品过程中参与反应或不参与反应，其成分不构成毒品的最终产品成分，该类化学品包括试剂、溶剂和催化剂等，如三氯甲烷。

易制毒化学品本身具有腐蚀、易燃、易爆等危险化学品特性，并在贮运和使用过程中潜伏着极大的事故隐患，如硫酸、盐酸、无水乙醚、甲苯、丙酮等。

1. 辨识依据

《易制毒化学品的分类和品种目录》及国务院公布的增补目录。

2. 管控依据

《易制毒化学品管理条例》（国务院令第445号，2018年修订）。

第十五条 申请购买第一类中的药品类易制毒化学品的，由所在地的省、自治区、直辖市人民政府药品监督管理部门审批；申请购买第一类中的非药品类易制毒化学品的，由所在地的省、自治区、直辖市人民政府公安机关审批。

前款规定的行政主管部门应当自收到申请之日起10日内，对申请人提交的申请材料和证件进行审查。对符合规定的，发给购买许可证；不予许可的，应当书面说明理由。

审查第一类易制毒化学品购买许可申请材料时，根据需要，可以进行实地核查。

第十六条 持有麻醉药品、第一类精神药品购买印鉴卡的医疗机构购买第一类中的药品类易制毒化学品的，无须申请第一类易制毒化学品购买许可证。

个人不得购买第一类、第二类易制毒化学品。

第十七条 购买第二类、第三类易制毒化学品的，应当在购买前将所需购买的品种、数量，向所在地的县级人民政府公安机关备案。个人自用购买少量高锰酸钾的，无须备案。

第十九条 经营单位应当建立易制毒化学品销售台账，如实记录销售的品种、数量、日期、购买方等情况。销售台账和证明材料复印件应当保存2年备查。

第一类易制毒化学品的销售情况，应当自销售之日起5日内报当地公安机关备案；第一类易制毒化学品的使用单位，应当建立使用台账，并保存2年备查。

第二类、第三类易制毒化学品的销售情况，应当自销售之日起30日内报当地公安机关备案。

各省、自治区、直辖市以及有关部门在国务院《易制毒化学品管理条例》的基础上重新制定了《药品类易制毒化学品管理办法》《非药品类易制毒化学品生产、经营许可办法》《易制毒化学品购销和运输管理办法》《易制毒化学品进出口管理规定》《向特定国家（地区）出口易制毒化学品暂行管理规定》《易制毒化学品进出口国际核查管理规定》等。

（五）麻醉药品和精神药品

麻醉药品和精神药品，是指列入麻醉药品目录、精神药品目录（以下称目录）的药品和其他物质。精神药品分为第一类精神药品和第二类精神药品。

麻醉药品，是指对中枢神经有麻醉作用，连续使用、滥用或者不合理使用，易产生身体依赖性和精神依赖性，能成瘾癖的药品。常见麻醉药品如吗啡、羟考酮、芬太尼、哌替啶、布桂嗪等共计121种。

精神药品，是指直接作用于中枢神经系统，使之兴奋或抑制，连续使用能产生依赖性的药品。依据人体对精神药品产生的依赖性和危害人体健康的程度，将其分为一类和二类精神药品。常见精神药品如第一类精神药品：三唑仑、氯胺酮、司可巴比妥、哌醋甲酯等68种；第二类精神药品：地西泮、苯巴比妥、巴比妥、阿普唑仑、艾司唑仑、咪达唑仑、佐匹克隆、扎来普隆、曲马多等81种。第一类精神药品在毒性和成瘾性等方面较第二类精神药品要强。

1. 辨识依据

《麻醉药品和精神药品品种目录》（2013版）。

2. 管控依据

《麻醉药品和精神药品管理条例》（国务院令第442号）；《医疗机构麻醉药品、第一类精神药品管理规定》（卫生部 卫医发［2005］438号）。

《麻醉药品和精神药品管理条例》（国务院令第442号）：

第十条　开展麻醉药品和精神药品实验研究活动应当具备下列条件，并经国务院药品监督管理部门批准：

（一）以医疗、科学研究或者教学为目的；

（二）有保证实验所需麻醉药品和精神药品安全的措施和管理制度；

（三）单位及其工作人员2年内没有违反有关禁毒的法律、行政法规规定的行为。

第三十五条　科学研究、教学单位需要使用麻醉药品和精神药品开展实验、教学活动的，应当经所在地省、自治区、直辖市人民政府药品监督管理部门批准，向定点批发企业或者定点生产企业购买。

需要使用麻醉药品和精神药品的标准品、对照品的，应当经所在地省、自治区、直辖市人民政府药品监督管理部门批准，向国务院药品监督管理部门批准的单位购买。

第三十六条 医疗机构需要使用麻醉药品和第一类精神药品的，应当经所在地设区的市级人民政府卫生主管部门批准，取得麻醉药品、第一类精神药品购用印鉴卡（以下称印鉴卡）。医疗机构应当凭印鉴卡向本省、自治区、直辖市行政区域内的定点批发企业购买麻醉药品和第一类精神药品。

设区的市级人民政府卫生主管部门发给医疗机构印鉴卡时，应当将取得印鉴卡的医疗机构情况抄送所在地设区的市级药品监督管理部门，并报省、自治区、直辖市人民政府卫生主管部门备案。省、自治区、直辖市人民政府卫生主管部门应当将取得印鉴卡的医疗机构名单向本行政区域内的定点批发企业通报。

第三十七条 医疗机构取得印鉴卡应当具备下列条件：

（一）有专职的麻醉药品和第一类精神药品管理人员；

（二）有获得麻醉药品和第一类精神药品处方资格的执业医师；

（三）有保证麻醉药品和第一类精神药品安全储存的设施和管理制度。

管制类化学品受到公安部门及药监部门的监督管理，监管的方式包括化学品购买、使用量的审批，专用车辆运输、到货监管，以及到各使用单位不定期巡查等。

二、管制化学品管理控制

（一）购买管控

管制药品购买应严格执行国家相关审批制度，各单位建立管制化学品申购平台，统一管理，不得私自购买。

剧毒化学品应当向所在地省级人民政府公安机关进行申请购买，而爆炸品、易制爆化学品的申购一般由使用单位向所属地（县级）的公安机关进行申请购买。采购前需在治安管理平台上提交备案手续、登记从业人员的相关材料、汇报库房的存放条件和实时使用量等相关内容，由公安机关分管部门进行核准后，可在网上下载打印购买许可证进行采购。供应商凭借许可证等资料对剧毒化学品、爆炸品、易制爆化学品进行供货。

第一类非药品类易制毒化学品，应当向所在地省级人民政府公安机关进行申请购买，第二类、第三类易制毒化学品一般由使用单位所属地（县级）公安机关禁毒支队分管，通过E网专线注册并登录易制毒化学品申购软件，备案单位相关信息，提交合法使用证明及单位经办人和从业人员的身份证信息、供销合同等材料。由公安机关分管部门核准相关信息后，可在网上下载打印购买许可证进行采购，供应商凭借采购许可证等对易制毒化学品进行供货。

麻醉药品和第一类精神药品，应当经所在地设区的市级人民政府卫生主管部门批准，取得麻醉药品、第一类精神药品购用印鉴卡（以下称印鉴卡）。医疗机构等应当凭印鉴卡向本省、自治区、直辖市行政区域内的定点批发企业购买麻醉药品和第一类精神药品。

（二）储存管控

管制化学品的储存方法可分别参照《危险化学品仓库储存通则》（GB 15603—2022）

《易制爆危险化学品储存场所治安防范要求》(GA 1511—2018)、《易燃易爆性商品储存养护技术条件》(GB 17914—2013)、《腐蚀性商品储存养护技术条件》(GB 17915—2013)和《毒害性商品储存养护技术条件》(GB 17916—2013)等有关国家标准和规范要求，储存在封闭式、半封闭式或露天的专用储存场所内，并有对应的防爆、防盗、监控、控温等措施，且根据《特别管控危险化学品目录（第一版）》最新要求，未来将建立危险化学品“一瓶一码”的全流程，周期管理体系。

1. 储存方式

按照实际存储管制化学品的属性和安全存储柜的分类属性，分类、分区、分库储存。依照国标文件，将不同种类的管制化学品按管制种类、不同的物理化学性质配备相应的易燃品存储柜、易爆品存储柜、毒害品存储柜、耐腐蚀存储柜和酸碱存储柜，挥发性的有毒有害危化品的试剂柜应配备净化式通风装置，腐蚀性危化品的试剂柜、试剂货架应配备防泄漏、逸散的托盘。严禁性质相抵触管制品及不同管制类型化学品混放、混存。参考表 2-6。

表 2-6 实验室管制危险化学品分类储存建议

存放分类	管制类别	常见试剂	存放要求
酸、腐蚀品	易制毒品	盐酸 硫酸 苯乙酸 醋酸酐 溴素	防泄漏托盘、通风
	易制爆品	硝酸 发烟硝酸 高氯酸 过(氧)乙酸	
氧化剂、无机盐	易制毒品	高锰酸钾	
	易制爆品	硝酸盐类： 硝酸钠、硝酸钾、硝酸铯、硝酸镁、硝酸钙、硝酸锶、硝酸钡、硝酸镍、硝酸银、硝酸锌、硝酸铅 氯酸盐类： 氯酸钠(含溶液)、氯酸钾(含溶液) 高(过)氯酸盐类： 高(过)氯酸锂、高(过)氯酸钠、高(过)氯酸钾 重铬酸盐类： 重铬酸锂、重铬酸钠、重铬酸钾、重铬酸铵 高锰酸盐类： 高锰酸钾、高锰酸钠 无机过氧化物类： 过氧化氢溶液、过氧化锂、过氧化钠、过氧化钾、过氧化镁、过氧化钙、过氧化锶、过氧化钡、过氧化锌、超氧化钠、超氧化钾 有机物类： 过氧化二异丙苯、过氧化氢苯甲酰、过氧化脲、硝酸胍	

续表

存放分类	管制类别	常见试剂	存放要求
有机试剂、还原剂	易制毒品	第二类： 三氯甲烷 乙醚 哌啶 乙基苯基酮 前述所列物质可能存在的盐类； 第三类： 甲苯 丙酮 甲基乙基酮	通风
	易制爆品	有机液体类： 硝基甲烷、硝基乙烷、1,2-乙二胺、一甲胺溶液、水合肼 有机固体类： 六亚甲基四胺、一甲胺、2,4-二硝基甲苯、2,6-二硝基甲苯、1,5-二硝基萘、1,8-二硝基萘、2,4-二硝基苯酚（含水≥15%）、2,5-二硝基苯酚（含水≥15%）、2,6-二硝基苯酚（含水≥15%）、季戊四醇（四羟甲基甲烷）	
活泼金属	易制爆品	锂、钠、钾、镁、镁铝粉、铝粉、硅铝、硅铝粉、锌灰、锌粉、锌尘、锆	隔水、隔热、隔氧
爆炸品	爆炸品	硫黄 硼氢化锂、硼氢化钠、硼氢化钾 硝酸铵 2,4,6-三硝基甲苯（TNT） 2,4,6-三硝基苯酚（苦味酸） 季戊四醇四硝酸酯	通风、避光、控温
	易制爆品	氯酸铵 高（过）氯酸铵 二硝基苯酚（溶液） 2,4-二硝基苯酚钠 硝化纤维素（硝化棉） 4,6-二硝基-2-氨基苯酚钠（苦氨酸钠）	
注意事项	1. 剧毒品、第一类易制毒品须按照双人双锁、化学禁忌分类保管，不得与上述管制品混放。 2. 同一类别中，固液需分开（固上液下）、有机无机需分开。 3. 无机盐类易制爆品同时包括无水和含有结晶水的化合物。 4. 溴素（易制毒品）必须水封		

2. 储存设施

（1）防盗装置：增加防盗门窗，大门“双锁”、试剂柜“双锁”。

（2）防爆装置：照明设备、空调、插座、视频监控设备、排风系统等电气设备应为防爆型。

（3）报警装置：管制化学品储存地设置火灾、消防自动报警系统；存储易燃气体、易燃液体的还应设置可燃气体报警装置。

（4）监控装置：房间内、外应设置视频监控设备。

（5）控温除湿装置：定时观察，温度超过 28℃、湿度大于 75%时，采取降温、除湿操作。

（6）消防器材：灭火器、灭火毯、沙箱等各类型灭火器数量和存储管控化学品类型应符合规定。

（7）个人防护装备：防毒面具、急救和消毒用品等不同类型防护装备分点存放，以备应急所需。

（8）警示标志：配置相应的安全标志、职业病危害警示标识、消防安全标志等粘贴于门口及室内明显位置，应急预案上墙，所有危险化学品 MSDS 资料及应急处理方案备份留存。

管制化学品统一储存管理，不允许私自存放，同时还得严格控制管制化学品安全储存量，限量储存，使储存量控制在“小量储存”。

（三）管理制度

管制化学品自购买、存储到使用、报废均应处于全周期闭环有效管理控制之中。严格执行“双人保管、双人双锁、双人收发、双人运输、双人使用”的“五双”管理制度。

“五双”工作具体操作要求如下：

1. 双人保管

管制化学品需双人双岗负责日常管理工作。登记管制化学品全周期包括出入库、运输、使用、归还的出入使用台账（双本账），精确管制化学品使用流向，对实际使用过程实现监督。出入使用台账留存 2 年备查。

日常管理，定期核对、及时更新管制品库存及储量（精确到克），定期上报库存量；定期检查试剂包装完整程度，包装破损、过期试剂定期报废处理。

2. 双人双锁

管制化学品储存室的大门必须配备两把锁；试剂柜必须配备两把锁。两名管理员各持一把锁匙，必须双人同时开启、关闭储存室门及试剂柜。管理员必须妥善保管锁匙，随身携带。

3. 双人收发

凡购进的管制化学品，到货当天必须完成入库。验收时，管理员（双人）应与送货人员、采购人员一起，仔细核对订购审批单、随货发票，核实物品名称、数量、规格、包装容器、质量等，验收合格后方可填写入库登记，办理入库手续。

领用管制化学品，必须经领导签批，管理员（双人）核对品名、规格、数量，然后管理员（双人）按规程提取出库。

返还入库时，必须由管理员（双人）负责验收入库，核实返还的化学品的品名、规格、数量等，并由四人分别对返还、接收签名确认。

4. 双人运输

将领取的管制化学品从储存室领取到实验场地的整个过程中也必须由签字领取的双人共同运输。采用合适的专用容器盛装管制化学品以保证运送安全。

5. 双人使用

管制化学品必须在指定实验室使用，不得私自借用，不得私自带出实验室。实验过程中实验人员须双人在场，不得离开，并做好详细实验记录，双人签字确认。实验室负责人要监管到位，对管制化学品的流向负责。

实验人员使用过程中，应严格执行安全操作规程，针对不同管制化学品的危害特性，穿戴相适应的个体防护用品，并采取防火、防爆、通风等措施。在使用过程，如发现破损、外溢等情况，应及时做出应急处理；实验完成后，管制化学品如有剩余应当日退回储存室（双人运输）。有害废液、废渣由环保部门按有关规定进行处理，严禁擅自倾倒和处置。

实验记录包括实验日期，领取管制化学品名称、数量，实际消耗的数量，剩余数量，归还情况，实验反应流程，废渣、废液及包装容器的去处、流向等。相关实验记录须经实验人员和相关负责人在记录上签字确认，并将一份复印件交储存室存档。

实验室是培养高素质人才、产出高水平成果的主要场所，实验室仪器设备则是进行教学、科研活动必不可缺的重要物质基础。确保仪器设备，尤其是危险设备安全在选型采购、使用、维护保养和报废处理全生命周期处于一种受控的状态，才能有效提高实验室设备安全规范管理水平，才能保证实验室诸项工作得以顺利进行。

第一节　实验室危险设备

一、危险设备分类

危险设备是指危险性较大的、容易造成人员伤害的设备、设施。按照涉及危险因素的类别，危险仪器设备主要有高温危险性设备、低温危险性设备、高速危险性设备、高能危险性设备、特种设备及其相关设备。

（一）高温危险性设备

主要是指提供高温实验条件或实验环境的设备，主要危险性为引发火灾事故和高温烫伤。常见的实验室加热类危险性设备主要包括：马弗炉、电阻炉（电窑炉、化铁炉、管式炉等）、明火电炉、电磁炉、微波炉、烘箱及油浴、盐浴、金属浴、水浴等浴锅。

（二）低温危险性设备

主要是指提供低温实验条件或实验环境的设备，主要危险性为引发爆炸事故和低温冻伤。常见的实验室制冷类危险性设备主要包括：冷冻实验设备（使用液氮或液氨制冷）、超低温冷冻箱（冰箱、保存箱）、冷库（超低温库、速冻库）、存储化学品的冰箱等。

（三）高速危险性设备

主要是指改变实验材料存在状态的机械类加工设备，主要危险性为加工部位伤人和噪声危害等。常见的实验室加工类危险性设备主要包括：磨床、车床、切割机、研磨机、破碎机、高速离心机、高速冷冻离心机、均质机等。

（四）高能危险性设备

包括强光类危险性设备、强电类危险性设备、放射性同位素与射线设备装置。

1. 强光类危险性设备

主要是指能够产生强光或利用强光的设备，主要危险性为视觉损伤和引发火灾事故。常见的实验室强光类危险性设备主要包括：焊接器（激光焊、电焊、气焊等）、激光水平仪、激光测距仪、演示激光器、紫外灭菌灯等。

2. 强电类危险性设备

主要是指使用过程中产生大电流或高电压的设备，主要危险性为电气火灾和触电事故。常见的实验室强电类危险性设备主要包括：不间断电源、直流电压发生器、工频耐压试验装置、串联谐振试验装置等。

3. 放射性同位素与射线装置

主要是指按照《射线装置分类》（环境保护部、国家卫生和计划生育委员会公告，2017年第66号）、《放射源分类办法》（国家环境保护总局公告，2005年第62号）规定的设备，主要危险性为电离辐射危害。常见的实验室放射性同位素与射线装置主要包括：工业CT机、X射线探伤机、X射线衍射仪、X射线荧光仪、电子加速器等。

（五）特种设备及其相关设备

特种设备及其相关设备主要包括按照《特种设备目录》（国家质量监督检验检疫总局公告，2014年第114号）规定的特种设备及其他承压类的设备设施。常见的实验室特种设备及其相关设备主要包括：气瓶、反应釜、高压灭菌锅、起重机、气体输送管路等。

二、危险设备的危害及识别控制

（一）危险设备的危害

危险因素是指能对人造成伤亡或能对物造成突发性损坏的因素。主要包括：

1. 机械性危害

主要是由于操作者失误或高速旋转机械设备发生故障直接造成人身伤亡事故的灾害。包括机械挤压、碾压、剪切、切割、缠绕或卷入、戳扎或磨损、飞出物打击、高压液体喷射、碰撞或跌落。

2. 电击伤

指电气设备本身以及工作过程产生的静电引起的危险。包括：触电危险，电气设备绝缘不良、错误接地线或误操作等原因造成的触电伤害事故；静电危险，设备加工过程中产生有害静电，从而造成引燃、爆炸、电击等。

3. 灼烫危害

灼烫危害是指设备工作中存在的高温介质或设备工作中产生的大量热能，对人体可能产生灼烫危害。

4. 冷冻危害

人员操作化学低温液体（液氯）、气体（如氨气、二氧化碳、氮气）或与低温设备表面接触，对人体可能产生冷冻危害。

5. 电离辐射

指设备内放射物质、X射线装置等超出标准剂量或防护不当引起的电离辐射危险。

6. 非电离辐射危害

非电离辐射系指紫外线、可见光、红外线、激光和射频辐射等超出标准剂量或防护不当而引起的危害。如激光加工设备中产生的强激光。

7. 振动危险

设备使用振动工具或本身产生的振动所引起的人体局部或全身的危害。

8. 噪声危害

设备工作过程所产生的噪声而引起的危害。包括：机械的撞击、摩擦、转动而产生的机械性噪声；电机交变力相互作用而发生的电磁性噪声；气体压力突变或流体流动而产生的液体动力性噪声。

9. 粉尘危害

指设备在生产过程中产生的各种粉尘引起的危害。

10. 化学危害

危险设备工作过程中参与反应或反应产生的各种化学物质引起的危害。包括：危险化学品的人体毒害；酸、碱化学品的腐蚀性危害；易燃易爆物质的灼伤、火灾和爆炸危险。

（二）危险设备的危害识别

依据仪器设备具体情况，对照相关操作规程以及标准、法规，借助相关经验和判断能力对仪器设备的危险、有害因素进行分析、识别。

1. 设备自身危害识别

（1）设备购置于无资质的厂家，设计、工艺等存在质量缺陷而导致事故发生。

（2）设备无配套的安全附件或安全防护装置（如安全阀、压力表、阻火器、防爆阀等），无法安全运行而导致爆炸、火灾事故发生。

（3）设备无指示性安全技术措施（如超限报警、故障报警等），超压、超限运行而导致爆炸、火灾事故发生。

（4）设备无安全警示标识或标识混乱，错用、误碰而导致操作人员受到伤害。

（5）设备无安全保护装备，导致操作人员处于危险之中。

（6）设备无分类放置，相互影响、相互干扰而导致事故发生。

（7）危险设备（气瓶、压力容器）无固定和防漏设施，从而导致爆燃事故发生。

（8）设备无定期校准、检验，长期无准确运行而导致事故发生。

（9）设备无使用记录，一旦出现异常无法追溯而对维修、维护造成困扰。

2. 环境危害因素识别

（1）实验室无适合设备工作的作业环境，导致爆炸和火灾事故发生。

（2）实验室无强制通风、防水和急救设施，导致人身安全风险。

（3）实验室无与设备用电负荷等级相匹配的电力设施，导致电力超载引发电气、燃爆等事故发生。

（4）实验室无可靠触电保护、漏电保护、短路保护以及防静电、雷击的电气连接措施，导致电气事故发生。

（5）事故状态下，实验室无可靠的照明、消防、疏散用电及应急措施，导致人员、环境处于危险之中。

（6）实验室无完善的管理制度，管理混乱导致事故发生。

（7）实验室与办公室以及相互影响的实验室功能混用，存在多种安全隐患，导致事故发生。

（三）危险设备的安全控制

实验室安全的目的是消除或控制危险和有害因素，保证科研、教学安全。

1. 危险设备安全技术控制措施

（1）直接安全技术措施

生产设备本身应具有本质安全性能，不出现任何事故和危害。主要技术措施：通过合理的设计和科学的管理，尽可能从根本上消除危险、有害因素，如采用无害化工艺技术、生产中以无害物质代替有害物质。

（2）间接安全技术措施

若不能或不完全能实现直接安全技术措施，必须为生产设备设计出一种或多种安全防护装置，最大限度地预防、控制事故或危害的发生。主要技术措施有：

① 联锁：当操作者失误，设备运行一旦达到危险状态时，应通过联锁装置终止危险、危害发生。如：

a. 超负荷保险装置：超载时自动脱开或停车。

b. 行程保险装置：运动部件到预定位置能自动停车或返回。

c. 顺序动作联锁装置：在一个动作未完成之前，下一个动作不能进行。

d. 意外事故联锁装置：在突然断电时，补偿机构能立即动作或机床停车。

e. 制动装置：避免在机床旋转时装卸工件；发生突然事故时，能及时停止机床运转。

② 预防：当消除危险、有害因素确有困难时，可采取预防技术措施，预防危险、危害的发生，如使用安全阀、安全屏护等。

（3）指示性安全技术措施

当间接安全技术措施也无法实现或实施时，须采用安装检测报警装置、警示标识等措施，警告、提醒作业人员注意，以便采取相应的对策措施或紧急撤离危险场所。

警告：在易发生故障和危险性较大的地方，配置醒目的安全色、安全标志；必要时设置声、光或声光组合报警装置。

（4）预防或减弱技术措施

若间接、指示性安全技术措施仍然不能避免事故和危害的发生，则应采用制订安全操作规程、进行安全教育和培训以及发放个体防护用品等措施来预防或减弱系统的危险、危害程度。

① 减弱：在无法消除危险、有害因素和难以预防的情况下，可采取减弱危险、危害的措施，如采用局部通风排毒装置等。

② 隔离：在无法消除、预防、减弱的情况下，应将人员与危险、有害因素隔开和将不能共存的物质分开，如遥控作业、安全罩等。

2. 危险设备管理控制

实验室环境设施在满足危险仪器设备各种安全要求的基础上，控制危险设备的购置、安装、使用、管理和处置全生命周期的安全管理。

（1）危险设备的采购

经办采购危险设备的供货商，必须选用具备相应资质的生产单位，特种设备生产单位还应取得相关产品的制造许可证书。

（2）危险设备的安装、验收

安装前，由使用人员、管理人员等共同组成验收安装小组，根据危险设备对工作环境的要求，准备好实验室的硬件配套设施；安装培训由厂家专业技术人员按照相关技术参数完成；安装完后，需按合同规定的规格、质量、数量及各项技术参数进行逐项验收。

（3）危险设备使用

危险设备安装、操作、维修、保养、管理等作业人员，必须接受专业的培训或考核后，方能从事相应的工作，严格遵守有关安全法律、法规、技术规程、标准及学校的相关安全制度。

（4）危险设备的定期检验

制订危险设备年检、月检、日检等常规检查制度，发现有异常情况时，必须及时处理，严禁带故障运行。实验室必须建立完整、准确的大型仪器设备技术档案，并长期保存。

（5）危险设备的大修、改造

做好危险设备的维护保养工作，如定期对仪器设备进行拆卸、清洗、调整、维护保养，并填写好维护保养记录。

未经主管人员批准不得擅自拆卸和改装仪器设备，若需要大修、改造必须由有相关资质的单位执行国家相关技术安全规范完成。

（6）危险设备停用报废

使用单位应当按照高校安全管理办法执行相应的停用、启用、变更、判废与报废手续。

第二节　危险设备安全管理

按照《教学仪器设备安全要求总则》（GB 21746—2008）中关于危险仪器设备的使用要求，凡使用对人员安全健康可能造成危害和对财产可能造成损失的危险仪器设备，都必须按照使用要求制订严格的安全操作规程，操作规程中应对相关因素明确规定具体要求，且对危险仪器设备的保护和安全装置作相应的要求。

一、高温设备安全管理

实验室常用加热设备包括：烘箱、电阻炉、培养箱、明火电炉、电磁炉、微波炉、电吹风、热风枪、电烙铁及油浴、盐浴、金属浴、水浴等浴锅。

(一) 高温设备管理

高温设备的购置、安装、使用必须符合相关安全法律规定。

(1) 安装有高温设备的实验室，按照设备性质，配备适合的消防设备——如粉末、泡沫或二氧化碳灭火器等，且要保持室内通风良好。

(2) 高温仪器设备必须放置在阻燃的、稳固的实验台上或地面上，不得在其周围堆放化学品、气体钢瓶及易燃杂物。

(3) 高温仪器设备的电线、配电盘及开关等电气装置，要充分考虑其安全措施。

(4) 高温仪器设备周围要张贴醒目的高温警示标识。

(5) 高温仪器设备配备合适的个体防护装备，注意高温对人体的辐射。

(6) 高温仪器设备使用前人员必须接受操作、防护及应急程序的培训，操作时严格遵守相关程序，使用时人员不得离岗。

(7) 应遵守仪器设备年检、月检、日检等常规检查制度，发现有异常情况时，必须及时处理，严禁带故障运行。

(8) 根据实验操作温度的不同，选用合适的耐火实验容器及接触介质。如烘箱禁止加热纸质、塑料材料包装物品，禁止烘烤易燃、易挥发物品；高温反应避免混入水，以免产生水蒸气发生爆炸。

(9) 高温设备必须经常巡检运行情况，发现有异常情况应予停机，请专门的检修人员进行修理，严禁擅自拆卸和维修。修理时，应先使设备处在常温条件下，并防止仪器高温部件或高温反应物伤人。

(10) 实验结束时，应在断电的情况下采用安全方式取放被加热的物品。

(11) 实验完毕应立即切断电源，拔出电源插头，并确认其冷却至安全温度才能离开。

(二) 人体的安全防护

(1) 使用高温装置时，常要预计到衣服有被烧着的可能。因而，要选用能简便脱除的服装。

(2) 要使用干燥的手套，如果手套潮湿，导热性即增大。同时，手套中的水分汽化变成水蒸气而有烫伤手的危险。故最好用难以吸水的材料做手套。

(3) 需要长时间注视赤热物质或高温火焰时，要戴防护眼镜。使用视野清晰的绿色眼镜比用深色的好。

(4) 对发出很强紫外线的等离子流焰及乙炔焰的热源，除使用防护面具保护眼睛外，还要注意保护皮肤。

(5) 处理熔融金属或熔融盐等高温流体时，还要穿上皮靴之类的防护鞋。

二、低温设备安全管理

常见低温设备主要有冰箱、冰柜、冷冻机、真空冷冻干燥机、液氮罐、低温液氨循环制冷系统等。

（一）低温设备管理

低温设备的购置、安装、使用必须符合相关安全法律规定。

（1）安装有低温设备的实验室，按照设备和制冷剂的性质，配备适合的消防设备。

（2）低温设备周围不得有热源、易燃易爆品、气瓶等，保持一定的散热空间。周围粘贴相应的危险警示标识。

（3）低温设备需要放在通风良好的地方，地面贴瓷砖而不是乙烯基地板，防止制冷剂泄漏导致损坏地面。

（4）低温设备安装安全装置，电气部分应有良好的安控装置，其制冷部分和管道必须密封、无渗漏现象。

（5）液氮、液氧等制冷剂保存设备必须安装减压控制装置。

（6）大型冷冻机操作人员必须取得“冷冻机作业操作证”方可持证上岗操作，小型冷冻机不受相应限制。

（7）低温设备操作人员必须接受操作、防护及应急程序的培训。

（8）低温设备操作人员必须采取必要的防护措施，防止冻伤，一旦出现事故，须及时送医院治疗。

（9）在使用冷阱、干冰、液氮、液氨等低温物质时需注意的安全事项主要有：

① 在搬运、转移固态低温物质时，应戴好专用的低温手套或用钳子、铲子、铁勺等工具进行操作，以免冻伤。

② 在转移、倾倒液态低温物质时，要小心操作，尽量避免低温液体溅出。同时应穿好厚工作服，减少暴露在外面的皮肤面积。戴上透明防护面具，防止低温液体溅射到脸上。

③ 大量使用易挥发的低温物质时应注意通风，否则产生的大量气体会使房间中的氧气比例降低，严重时会产生窒息危险。

④ 低温液体和干冰作为制冷剂进行冷浴时必须与外界大气相通。绝对不能在一个封闭的系统内进行，那样会产生难以控制和危险的高压。

（10）低温设备必须经常巡检运行情况，发现有异常情况应予停机，请专门的检修人员进行修理，严禁擅自拆卸和维修。修理时，应先使设备处在常温条件下，并防止制冷部分和管道剩余冷冻剂渗漏伤人。

（11）实验结束，带压力的冷冻设备需要先泄压，再关闭电源。

（二）人体的安全防护

（1）为接触低温液体的工作人员提供合适的防护服，特别注意手和眼睛/脸部的防护。

（2）戴干石棉（替代品）或干的皮革手套（在操作与低温液体接触过的装备时），如果戴手套，应该是宽松而容易脱去的。

（3）穿实验服或更全面的保护是明智的选择，可以最大限度减少皮肤的接触，同时，穿超过鞋子或靴顶的长裤可以在有溢出事件时保护脚。

三、高速设备安全管理

实验室常用高速设备主要有切割机、钻床、电动砂轮、车床等机械加工设备和离心机等。

(一) 高速设备管理

高速设备的购置、安装、使用必须符合相关安全法律规定。

(1) 高速设备的设计、制造必须符合国家相关法律规定。

(2) 安装有高速设备的实验室，按照设备自身电气、机械性质，配备适合的消防设备。

(3) 高速旋转机械设备如研磨机、空压机等，必须安放在高度适合人员操作、平稳、坚固的台面上。同时应配有护罩、套筒等安全防护装置。

(4) 高速设备周围粘贴相应的危险警示标识。

(5) 高速设备操作人员必须接受操作、防护及应急的安全培训。

(6) 高速设备操作人员必须采取必要的防护措施，防止机械损伤，一旦出现事故，须及时送医院治疗。

(7) 高速设备使用前应先仔细阅读使用说明和安全注意事项，严格按照操作规程进行。高速设备开动前，要观察周围情况，检查防护装置是否安全可靠，工装、夹具等必须装夹牢固，合上安全装置；高速设备正式使用前先空载试运转，运转中无异常、异响，一切正常，确认安全后，再进行实际操作。

(8) 设备启动后，操作人员要站在安全位置上，不得离开工作岗位。

(9) 设备开动后不准接触高速运动着的工件、刀具和传动部件，禁止打开防护装置，禁止隔着设备转动部位传递、夹取样品。

(10) 调整设备速度、擦拭设备时，都要停机进行；应使用专用工具操作的地方绝对不能用手直接操作。

(11) 当设备发生冲击、跳动及异常声音时，应立即停机检查，排除故障后，方可继续作业。不要在设备运转时对设备零部件进行检查、维修。

(12) 各类高速设备应由专人负责管理和维护。高速设备要求定期检查维修，使用者应详细记录实验状态及维修情况。

(13) 实验结束后，先关闭设备电源，待设备停止转动后，方可取出样品，不可用外力强制其停止运动。

(14) 设备停止后，擦净设备并进行适当维护；关闭设备电门，拉开电闸；刀具、工具、量具分别放回规定地方。

(二) 人体的安全防护

(1) 为操作高速设备的工作人员提供合适的防护服，特别注意手和眼睛/脸部的防护。

(2) 穿好工作服，扎好袖口和头发，不准戴围巾、领带、手套，不准穿拖鞋、凉鞋，必须穿长裤，长头发的必须戴工作帽，有可能飞出碎屑的还应戴好护目镜。

四、高能设备——激光设备安全管理

(一) 激光设备管理

使用激光器必须遵守有关的安全守则。

(1) 制订激光器安全操作规程。

(2) 激光器不应安装在能吸引不熟悉或好奇者的地方，在激光器工作区域内外的显眼位置和通往工作点的门上，应设置标示牌。

（3）工作面要有足够的照明，以使观察者瞳孔收缩；房间和设备表面应无光泽，以避免反射。

（4）激光器应安装屏蔽罩，以防止强反射和直射束向外传播而形成污染，接触激光束的器材、设备、光束截止器、屏蔽罩等的表面，都要用漫反射材料做成。

（5）应覆盖住激光器上所有裸露的导线和玻璃，以防止电击和/或挡住激光器材料的爆炸。应使设备上的所有非带电部分良好接地。采用联锁装置，以防止电击或激光的辐射。

（6）激光工作室应安装门锁，如果房门无法关锁，应在门上安装安全联锁装置。

（7）安装报警仪器，在工作超出可见光范围时，报警器能发出警报信号。

（8）应有专人负责看管激光器。

（9）应设置高压电源总开关。

（10）在改变激光器实验装置之前，应取下所有的手表和戒指，避免有光泽的宝石引起反射危险。

（二）人体的安全防护

（1）激光装置和相关实验室必须张贴清晰的警示标识。

（2）工作人员需经过相关培训，由专人看管设备。

（3）进行实验前，需对学生进行相关培训，并且让学生接受相应的眼部检查；实验管理人员需定期复查眼部。

（4）激光防护眼镜选择：按照工作激光波长、激光的辐照度、防护镜对激光输出波长的光密度、可见光透射的要求、防护镜的质量及损坏阈值、舒适性、通风良好等选择合适的防护眼镜。

（5）激光防护服选择：尽可能为受到超过皮肤 MPE 值的辐射照射的工作人员提供适宜的防护衣；防护服宜用合适的耐火、耐热材料制成；防护服尽量不要暴露皮肤。

五、高能设备——放射装置安全管理

（一）放射装置管理

（1）购买和使用放射源装置的单位须经学校报政府环保部门审批，获得“辐射安全许可证”。

（2）放射源装置操作人员必须通过环保部门组织的培训，取得“辐射安全与防护培训合格证”并定期复训。

（3）实验场放射源装置场所设置明显的放射性标志，并对放射源实行专人专管。

（4）进行放射实验时，必须采取必要的防护措施，佩戴个人计量表；涉辐人员必须定期参加特殊职业健康体检。

（5）学生在进行实验之前，必须接受安全防护教育，指导教师对学生负责。

（6）放射源如出现泄漏，应立即关闭门窗、通风系统，所有人员立即撤离，立即向上级有关部门报告，严密管控现场。

（7）放射源报废须向环保等部门提出申请，批准后由相关专业人员进行报废回收。

（二）人体的安全防护

1. 体外暴露的防护

（1）接受暴露的时间尽可能缩短，事先要了解状况并做好准备，熟练操作程序。

（2）屏蔽：利用铅板、钢板或水泥墙挡住辐射或降低辐射强度，保护人员安全。

2. 体内暴露的防护

（1）防止由消化系统进入体内。工作时必须佩戴防护手套、口罩，禁止用口吸取溶液或口腔接触任何物品，工作完毕立即洗手漱口。

（2）防止由呼吸系统进入体内。实验室应有良好的通风条件，处理粉末物品应在防护箱中进行，必要时还应戴过滤型呼吸器。经常清扫，保持高度清洁。

（3）防止通过皮肤进入体内。实验操作时应戴手套，不要用有机溶液洗手或涂敷皮肤。

第三节　特种设备安全管理

特种设备是高校实验室重大危险源中的一种，其安全管理工作是高校安全管理工作中的重要内容。为了加强特种设备安全管理工作，预防特种设备事故，保障人身和财产安全，根据《中华人民共和国特种设备安全法》《特种设备安全监察条例》等有关法律法规，结合实验室实际情况，制订实验室特种设备的安全使用和安全管理办法。

《特种设备安全监察条例》（国务院第549号令，2009年）中定义特种设备是指涉及生命安全、危险性较大的锅炉、压力容器（含气瓶，下同）、压力管道、电梯、起重机械、客运索道、大型游乐设施和场（厂）内专用机动车辆。其中锅炉、压力容器（含气瓶）、压力管道为承压类特种设备；电梯、起重机械为机电类特种设备。

实验室特种设备是指在国家质量监督检验检疫总局公布的《特种设备目录》范围内用于教学科研实验的压力容器（含气瓶）、起重机械等设备。

一、压力容器的认识及安全管理

压力容器是指盛装气体或者液体，承载一定压力的密闭设备，其范围规定为最高工作压力大于或者等于0.1MPa（表压），且压力与容积的乘积大于或者等于2.5MPa·L的气体、液化气体和最高工作温度高于或者等于标准沸点的液体的固定式容器和移动式容器；盛装公称工作压力大于或者等于0.2MPa（表压），且压力与容积的乘积大于或者等于1.0MPa·L的气体、液化气体和标准沸点等于或者低于60℃液体的气瓶、氧舱等。

（一）认识压力容器

1. 压力容器分类

（1）按压力等级分类

压力容器可分为内压容器与外压容器。

内压容器又可按设计压力（p）大小分为四个压力等级，具体划分如下：

低压（代号L）容器：$0.1\text{MPa} \leqslant p < 1.6\text{MPa}$；

中压（代号M）容器：$1.6\text{MPa} \leqslant p < 10.0\text{MPa}$；

高压（代号H）容器：$10\text{MPa} \leqslant p < 100\text{MPa}$；

超高压（代号U）容器：$p \geqslant 100\text{MPa}$。

(2) 按容器在生产中的作用分类

① 反应压力容器（代号 R）：主要用于完成介质的物理、化学反应的压力容器，如反应器、反应釜、合成塔等。

② 换热压力容器（代号 E）：主要用于完成介质的热量交换的压力容器，如热交换器、蒸发器等。

③ 分离压力容器（代号 S）：主要用于完成介质的液体压力平衡和气体净化分离等的容器，如过滤器、分离器、吸收塔等。

④ 储存压力容器（代号 C，其中球罐代号 B）：主要用于盛装生产或生活用的原料气体、液体、液化气体等的容器，如各种贮罐、槽车等。

在一种压力容器中，同时具备两个以上的工艺作用原理时，应按工艺过程中的主要作用来划分品种。

(3) 按安装方式分类

① 固定式压力容器：有固定安装和使用地点，工艺条件和操作人员也较固定的压力容器。

② 移动式压力容器：移动式压力容器使用时不仅承受内压或外压载荷，搬运过程中还会受到由于内部介质晃动引起的冲击力，以及运输过程带来的外部撞击和振动载荷，因而在结构、使用和安全方面均有其特殊的要求。

移动式压力容器的一个重要分支就是气瓶。气瓶是使用最为普遍的一种移动式压力容器，它的特点是数量大、使用范围广、充装的气体种类多、重复使用率高。

气瓶分为：a. 无缝气瓶，如氧气瓶；b. 焊接气瓶，如液氨瓶；c. 溶解气瓶，如乙炔瓶；d. 液化石油气瓶；e. 特种气瓶，如车用气瓶。

上面所述的分类方法仅仅考虑了压力容器的某个设计参数或使用状况，不能综合反映压力容器的危险程度。压力容器的危险程度还与介质危险性及其设计压力 p 和全容积 V 的乘积有关，pV 值愈大，则容器破裂时爆炸能量愈大，危害性也愈大，对容器的设计、制造、检验、使用和管理的要求愈高。

(4) 按安全技术管理分类

《压力容器安全技术监察规程》采用既考虑容器压力与容积乘积大小，又考虑介质危险性以及容器在生产过程中的作用的综合分类方法，以有利于安全技术监督和管理。该方法将压力容器分为三类：

① 第三类压力容器。具有下列情况之一的，为第三类压力容器：

a. 高压容器；

b. 中压容器（仅限毒性程度为极度和高度危害介质）；

c. 中压储存容器（仅限易燃或毒性程度为中度危害介质，且 $pV \geqslant 10MPa \cdot m^3$）；

d. 中压反应容器（仅限易燃或毒性程度为中度危害介质，且 $pV \geqslant 0.5MPa \cdot m^3$）；

e. 低压容器（仅限毒性程度为极度和高度危害介质，且 $pV \geqslant 0.2MPa \cdot m^3$）；

f. 高压、中压管壳式余热锅炉；

g. 中压搪玻璃压力容器；

h. 使用强度级别较高（指相应标准中抗拉强度规定值下限大于等于 540MPa）的材料制造的压力容器；

i. 移动式压力容器，包括铁路罐车（介质为液化气体、低温液体）、罐式汽车［液化气体运输（半挂）车、低温液体运输（半挂）车、永久气体运输（半挂）车］和罐式集装箱

（介质为液化气体、低温液体）等；

j. 球形储罐（容积≥50m³）；

k. 低温液体储存容器（容积>5m³）。

② 第二类压力容器。具有下列情况之一的，为第二类压力容器：

a. 中压容器；

b. 低压容器（仅限毒性程度为极度和高度危害介质）；

c. 低压反应容器和低压储存容器（仅限易燃介质或毒性程度为中度危害介质）；

d. 低压管壳式余热锅炉；

e. 低压搪玻璃压力容器。

③ 第一类压力容器：除上述规定以外的低压容器为第一类压力容器。

可见，国内压力容器分类方法综合考虑了设计压力、几何容积、材料强度、应用场合和介质危害程度等影响因素。例如：因盛放的介质特性或容器功能不同，即根据潜在的危害性大小，低压容器可被划分为第一类、第二类和第三类压力容器。详见表 3-1。

表 3-1 压力容器类别的简明判断

介质性质		非易燃 无毒/轻毒性	易燃 中度毒性		高度毒性 极度毒性	
pV 值/(MPa·m³)			≥0.5	≥10		≥0.2
低压 (0.1MPa≤p<1.6MPa)	换热容器					
	分离容器	第一类容器				
	储存容器					
	反应容器					
	管壳式余热锅炉					
	搪玻璃压力容器					
中压 (1.6MPa≤p<10MPa)	换热容器	第二类容器				
	分离容器					
	储存容器					
	反应容器					
	管壳式余热锅炉					
	搪玻璃压力容器					
高压 (10MPa≤p<100MPa)	换热容器					
	分离容器	第三类容器				
	储存容器					
	反应容器					
	管壳式余热锅炉					
使用强度级别较高的材料制造的压力容器						
移动式压力容器						
球形储罐(容积≥50m³)						
低温液体储存容器(容积>5m³)						

注：深灰色区域为第一类压力容器；中灰色区域为第二类压力容器；浅灰色区域为第三类压力容器。

2. 压力容器安全装置

压力容器由于使用特点及其内部介质的化学、工艺特性，需要装设一些安全装置和测试、控制仪表来监控，以保证压力容器的使用安全和生产工艺过程的正常进行。

(1) 压力容器安全装置分类

压力容器安全附件按其功能大致可分为四种类型。

① 显示和显示控制类。显示是指显示容器内介质的实际状况，如各类温度计、液面计、压力表等。显示控制是指既起显示功能又能依照设定的工艺参数自行调节，保证该工艺参数稳定在一定范围内的装置，如电接点压力表、自动液面计等。

② 超压泄放类。当容器或系统内介质的压力超过规定压力时，该装置自动泄放部分或全部气体，如安全阀、爆破片、防爆帽、易熔合金塞。

③ 紧急切断类。压力容器运行时，遇有紧急情况时紧急关闭阀门，迅速切断气源，防止事故发生和扩大，如紧急切断阀和过流阀。

④ 安全联锁类。为了保证快开门式压力容器门的开启和关闭时的安全所设置的一种安全联锁装置。常见的安全联锁装置有安全插销与连动阀联锁、机械式安全联锁、自动化仪表控制联锁、微机控制联锁等。

(2) 压力容器安全装置要求

按《固定式压力容器安全技术监察规程》规定，安全装置的通用要求如下：

① 制造安全阀、爆破片装置的单位应当持有特种设备制造许可证。

② 安全阀、爆破片、紧急切断阀等需要型式试验的安全附件，应当经过国家质检总局核准的型式试验机构进行型式试验并且取得型式试验证明文件。

③ 安全附件的设计、制造应当符合相关安全技术规范的规定。

④ 安全附件出厂时应当随带产品质量证明，并在产品上装设牢固的金属铭牌。

⑤ 安全附件实行定期检验制度，安全附件的定期检验按照《压力容器定期检验规则》与相应安全技术规范的规定进行。

⑥ 安全阀一般每年至少检验一次，压力表每半年至少校验一次。

(二) 压力容器事故类别及预防处置

特种设备事故：是指因特种设备的不安全状态或者相关人员的不安全行为，在特种设备制造、安装、改造、维修、使用（含移动式压力容器、气瓶充装）、检验检测活动中造成的人员伤亡、财产损失、特种设备严重损坏或者中断运行、人员滞留、人员转移等突发事件。

特种设备的不安全状态造成的特种设备事故，是指特种设备本体或者安全附件、安全保护装置失效和损坏，发生爆炸、爆燃、泄漏、倾覆、变形、断裂、损伤、坠落、碰撞、剪切、挤压、失控，或者严重故障为主要特征的事故。

特种设备相关人员的不安全行为造成的特种设备事故，是指因行为人违章指挥、违章操作或者操作失误等造成的事故。

(1) 爆炸事故

爆炸：是指承压类特种设备部件因物理或者化学变化而发生破裂，设备中的介质蓄积的能量迅速释放，内压瞬间降至外界大气压力的现象。锅炉、压力容器（含气瓶）、压力管道主要承压部件及安全附件、安全保护装置、元器件损坏会造成易燃、易爆介质发生爆燃的现象。

① 压力容器爆炸的分类。

a. 物理性爆炸：系指压力容器因物理原因引起容器内压力升高使器壁强度不足而导致破裂，一般呈韧性破坏特征。

b. 化学性爆炸：系指压力容器内介质由于发生化学反应，且这一反应失去控制，使容器在爆炸前器内压力迅速升高，导致积聚的能量瞬时释放而发生容器爆炸。

② 压力容器爆炸事故的危害。压力容器是一种特种设备，发生事故时危害很大，一旦发生爆炸事故，后果不堪设想，其危害十分严重，通常有下列几种：

a. 碎片的破坏作用。强大的气流作用力能把壳体撕裂，而有些壳体则可能裂成碎块或碎片向四周飞散而造成伤害。

b. 冲击波危害。容器破裂时的能量除了小部分消耗于将容器进一步撕裂和将容器或碎片抛出外，大部分产生冲击波。冲击波可将建筑物摧毁，使设备、管道遭到严重破坏，周围的门窗玻璃破碎。冲击波与碎片的危害一样可导致周围人员伤亡。

c. 有毒介质的毒害。盛装有毒介质的容器破裂时，会酿成大面积的毒害区。有毒液化气体则蒸发成气体，危害更大。一般在常温下破裂的容器，大多数液化气体生成的蒸气体积约为液体的 200～400 倍。如液氨为 240 倍，液氯为 150 倍，氢氰酸为 200～370 倍，液化石油气约为 180～200 倍。有毒气体在大范围内可以导致生命体的死亡或严重中毒。如 1t 液氯容器破裂时可酿成 $8.6\times10^4 m^2$ 的致死范围和 $5.5\times10^6 m^2$ 的中毒范围。

d. 可燃介质的燃烧及二次空间爆炸危害。盛装可燃气体、液化气体的容器破裂后，可燃气体与空气混合，遇到触发能量（火种、静电等）在器外发生燃烧、爆炸，酿成火灾事故。其中可燃气体在器外的空间爆炸，其危害更为严重。液态烃汽化后的混合气体爆炸燃烧区域可为原有体积的 6 万倍。例如一台盛装 $1600m^3$ 乙烯的球罐破裂后燃烧区范围可达直径 700m、高 350m。其二次空间爆炸的冲击波可达十余公里。这种危害绝非蒸气锅炉物理爆炸所能比拟的。

③ 压力容器爆炸的主要原因如下。

a. 超温超压。压力容器超温超压的原因主要有两种：一种是操作不当、工艺不成熟或工艺条件未得到有效控制，造成温度、压力升高，其结果使容器所受载荷增大或材料本身强度下降；另一种是盲目提高使用温度、压力。因为对于多种化学反应来说，提高温度、压力可以使化学反应加速，从而提高生产效率。但是，其后果是使压力容器的寿命大大缩短或导致破坏的可能性加大。

过热造成容器局部区域力学性能降低而引起爆炸也是一个原因。例如，余热锅炉因供水不足、结垢等因素使传热系数下降，导致局部过热，就容易发生爆炸事故。

b. 压力容器存在先天性的缺陷。压力容器存在先天性的缺陷主要是指压力容器未经过设计或设计错误，结构不合理，选材不当，强度不够，制造质量低劣或安装组焊质量差等。

c. 腐蚀严重。压力容器的内、外表面因腐蚀而变薄，载荷承受能力显著降低，就易于引起爆炸。

d. 裂纹、起槽。压力容器在长期运行中因操作不当，开停次数多，容器骤冷或压力、负荷波动频繁等，致使材料受到交变应力，产生疲劳裂纹。另外，由于流体介质的冲刷形成沟槽，造成壁厚减薄。

e. 安全装置不全、安装不正确或失灵。大量事故表明，安全装置不全、失灵、安全阀安装错误或未按要求进行定期校验，起不到预定的保护作用，从而导致压力容器的爆炸；又如，快开门压力容器（如蒸汽消毒器、硫化罐、蒸压釜等）由于有的未按要求安装联锁装置，结果发生爆炸事故。正确安装安全联锁装置，就能确保容器在气未排尽时门不能打开和进气前如门未锁紧则气体不能进入，这样就可以避免部分事故的发生。

④ 压力容器爆炸事故预防。

a. 压力容器操作人员应经技术培训，做到持证上岗，同时严格遵守劳动纪律和工艺安全操作规程。

b. 防止超温超压。压力容器最高工作压力低于压力源压力时，在压力容器进口的管道上应当装设减压阀，如因介质条件减压阀无法保证可靠工作时，可用调节阀代替减压阀，在减压阀或调节阀的低压侧，应当装设安全阀和压力表。对使用温度有要求的容器，还应该安装温度监控设备，防止压力容器在使用过程中超温。

c. 加强安全检查。压力容器配备的安全附件要定期进行检查和校验，并确保安全附件齐全、灵敏、可靠。对装有减压装置的压力容器，应定期检查减压装置是否完好，防止压力容器超压。

d. 积极配合特种设备检验检测部门做好容器的定期检验工作。

（2）泄漏事故

泄漏事故是指压力容器受压部件在使用过程中由于各种原因造成介质泄漏，导致压力容器被迫停车进行维修或由于容器泄漏而引起的火灾、人员中毒、设备损坏事故。由于容器内的介质不同，如果发生泄漏，轻则造成资源、能源的浪费和环境的污染，重则造成压力容器被迫停运或引起火灾、爆炸甚至造成人员伤亡。

① 压力容器泄漏的原因。造成泄漏的原因是多方面的，如受压部件受到频繁的震动产生裂缝、胀管接口松动、局部腐蚀变薄穿孔、局部鼓包变形减薄穿孔及密封面失效等。

② 压力容器泄漏事故的处理。如发现压力容器在运行中泄漏，应迅速采取果断措施进行处理，如压力容器受压部件泄漏，应立即停车维修，以防易燃、易爆、有毒介质泄漏，否则，容易造成易燃气体燃烧。

③ 压力容器泄漏事故的预防措施。

a. 防止压力容器频繁震动并应采取必要的防震措施。

b. 防止腐蚀介质的腐蚀穿孔。

c. 严禁超温超压，防止鼓包变形导致容器壁厚减薄。

d. 保持密封面密封不泄漏。

（3）爆管事故

压力容器范围内的承压管道由于各种原因造成破裂导致压力容器被迫停运维修的事故，称爆管事故。这种事故在压力容器运行中是一种常见的事故。

① 压力容器爆管事故的原因。

a. 腐蚀减薄造成材料承载能力降低。

b. 过热、鼓包变形直至破裂。

c. 介质冲刷。

d. 管材内部存在缺陷等。

② 压力容器爆管事故的预防。

a. 对有腐蚀性介质的管道应采取预防腐蚀措施或采用不锈钢等耐蚀材料的管材。

b. 防止传热管道（如废热锅炉）因水质不好积垢，防止因介质循环不好而造成的爆管。

c. 做到平稳操作。

d. 采取有效措施防止介质冲刷或流速过大而造成的磨损。

e. 认真做好压力容器运行、检查工作，发现问题及时消除。

（4）过量充装事故

压力容器的过量充装一般针对贮存液化气体的压力容器。液化气体在常温常压下是以气态形式存在的，只有在满足低温或提高储存压力的条件下，才能使其液化。贮存液化气的压力容器，容器内必须留有一定体积的气相空间（液化气体不能充满整个容器）。如果容器内充装液化气后，其留有的气相空间小于必要的气相空间，这种情况称为过量充装。

盛装液化气体介质的压力容器，其单位体积内实际充装的介质重量超过了容器单位体积允许充装的介质重量而造成设备损坏的事故，称为过量充装事故。液化气体介质充装过量后，如不及时处理，极易导致容器鼓包、变形甚至爆破。

① 压力容器过量充装的原因。容器的液位显示装置或控制装置失灵，未及时校验；充装人员技术素质差，未经培训，工作责任心差。

② 防止过量充装的措施。

a. 严格按照规定的充装量充装。

b. 定期校验显示及控制装置，保证其灵敏、可靠，并保证在有效校验期内。充装点要安装、设置超量报警器、自动计量和自动切断气源的装置。

c. 提高充装人员的技术素质，做到持证上岗，要加强其工作责任心，防止过量充装。

d. 发现过量充装时，应立即抽去过量充装的介质并及时向本单位有关部门报告。

e. 对已盛装液化气体的容器，应采取有效的降温措施。

（三）压力容器安全管理

1. 采购

使用单位必须购置具有相应压力容器制造许可资格的单位制造的、符合安全技术规范要求的压力容器；严禁购买和使用存在严重事故隐患，无改造、维修价值，国家明令淘汰，超过安全技术规范规定设计使用年限，或者已在特种设备安全监督管理部门办理报废手续的压力容器。

2. 安装与现场制造

使用单位应选择具备资质的单位进行安装施工。

使用单位应在压力容器安装前督促安装单位到特种设备安全监督管理部门办理告知手续；使用单位应在容器安装完毕后，组织相关人员对容器安装质量进行验收，并办理使用登记。

使用单位应对本单位场所内开展的压力容器安装相关活动进行监督和检查，包括其人员和作业活动。

3. 使用登记

压力容器在投入使用前或者投入使用后 30 日内，使用单位应向设备所在地（移动式压力容器指产权单位所在地）特种设备安全监督管理部门申请办理使用登记。

符合下列条件的压力容器不需要办理使用登记，但使用单位应对压力容器实施安全管理：移动式空气压缩机的储气罐、简单压力容器。

4. 变更登记

压力容器改造、移装、变更使用单位或者使用单位更名、达到设计使用年限继续使用的，使用单位应填写特种设备使用登记证变更证明，并向登记机关申请变更登记。

5. 报废

对存在严重事故隐患，无改造、修理价值的压力容器，或者达到安全技术规范规定的报废期限的，应及时予以报废，产权单位应采取必要措施消除该压力容器的使用功能。压力容器报废时，向登记机关办理报废手续，并且将使用登记证交回登记机关。

6. 档案管理

使用单位应逐台建立压力容器安全技术档案。安全技术档案至少包括以下内容：

（1）使用登记证、电子记录卡（移动式压力容器）；

（2）特种设备使用登记表；

（3）压力容器设计、制造技术资料和文件，包括设计文件、产品质量合格证明（含合格证及其数据表、质量证明书）、安装及使用维护保养说明、监督检验证书、型式试验证书等；

（4）压力容器改造、修理的方案、图样、材料质量证明书和施工质量证明文件、安装改造维修监督检验报告、验收报告等技术资料；

（5）压力容器定期自行检查记录（报告）和定期检验报告；

（6）压力容器日常使用状况记录；

（7）压力容器及其附属仪器仪表维护保养记录；

（8）压力容器安全附件和安全保护装置校验、检修、更换记录和有关报告；

（9）压力容器运行故障和事故记录及事故处理报告。

使用单位应在设备使用地保存上述规定的资料和压力容器技术档案的原件或者复印件，以便备查。

7. 压力容器操作规程

操作规程一般包括设备运行参数、操作程序和方法、维护保养要求、安全注意事项、巡回检查和异常情况处置规定，以及相应记录等。

操作规程内容：

（1）操作工艺参数（含工作压力、最高或者最低工作温度）。

（2）具体操作方法（含开、停的操作程序和注意事项）。

（3）运行中重点检查的项目和部位，运行中可能出现的异常情况和防止措施，以及紧急情况的处置和报告程序。

（4）作业人员培训教育。压力容器使用单位应对压力容器作业人员定期进行安全教育和专业培训，保证作业人员具备必要的压力容器作业知识、作业技能，及时进行知识更新，确保作业人员掌握压力容器安全操作要求及事故应急措施，按章作业。

定期收集和分析员工的培训需求，及时通知有关人员参加压力容器作业人员的换证考试，保持作业证的有效性。

（5）定期检验。

a. 按照《固定式压力容器安全技术监察规程》（TSG 21—2016）规定：固定压力容器一般于投用后 3 年内进行首次定期检验，以后的检验周期由检验机构根据压力容器的安全状况等级确定：安全状况等级为 1、2 级，一般每 6 年检验一次；3 级，一般每 3～6 年检验一次；4

级，则监控使用，其检验周期由检验机构确定，累计监控使用时间不得超过3年，在监控使用期间，使用单位应当采取有效的监控措施；5级，应当对缺陷进行处理，否则不得继续使用。

b. 移动式压力容器年度检验每年至少一次。

c. 使用单位应在压力容器定期检验有效期届满前的1个月以内，向特种设备检验机构提出定期检验申请，并且做好相关的准备工作。

（6）应急预案。设置特种设备安全管理机构和配置专职安全管理员的使用单位，应制订压力容器事故应急专项预案，其他使用单位可以在综合应急预案中编制压力容器事故应急的内容。

使用单位应对压力容器作业岗位的员工进行应急培训，使其熟知岗位上可能遇到的紧急情况及应采取的对策。

设置特种设备安全管理机构和配置专职安全管理员的使用单位应定期进行压力容器应急预案演练，演练次数一年不得少于一次。

二、气体钢瓶的认识及安全管理

气体钢瓶属于移动式压力容器，但在充装和使用方面有其特殊性，所以在安全方面还有一些特殊的规定和要求。

（一）气体钢瓶的认识

1. 气体钢瓶分类

气体钢瓶按充装气体的物理性质可分为压缩气体钢瓶、液化气体钢瓶（高压液化气体、低压液化气体）；按充装气体的化学性质分为惰性气体钢瓶、助燃气体钢瓶、易燃气体钢瓶和有毒气体钢瓶。详见表3-2。

表3-2 气体钢瓶分类及常见充装气体

钢瓶分类	充装气体
压缩气体钢瓶	空气、氧气、氢气、氮气、氩气、氦气、氖气、氪气、甲烷、煤气、三氟化硼、四氟甲烷
高压液化气体钢瓶	二氧化碳、乙烷、乙烯、氧化亚氮、氯化氢、三氟氯甲烷、六氟化硫、氟乙烯、偏二氟乙烯、六氟乙烷
低压液化气体钢瓶	溴化氢、硫化氢、氨、丙烷、丙烯、甲醚、四氧化二氮、正丁烷、异丁烷、光气、溴甲烷、甲胺、乙胺
易燃性气体钢瓶	氢气、甲烷、液化石油气等
助燃性气体钢瓶	氧气、压缩空气等
毒害性气体钢瓶	氰化氢、二氧化硫、氯气
窒息性气体钢瓶	二氧化碳、氮气

2. 气体钢瓶的标记

（1）气体钢瓶的钢印标记

气体钢瓶的钢印标记包括制造钢印标记和检验钢印标记，是识别气体钢瓶的依据。

气体钢瓶制造钢印标记如图3-1（a）所示，是由制造厂用钢印由机械或人工打印在气体钢瓶肩部、筒体、瓶阀护罩上的，有关设计、制造、充装、使用、检验等技术参数的印章。

检验钢印标记［图3-1（b）］是气体钢瓶定期检验后，由检验单位用钢印由机械或人工打印在气体钢瓶肩部、筒体、瓶阀护罩或套于瓶阀尾部金属标记环上的印章。

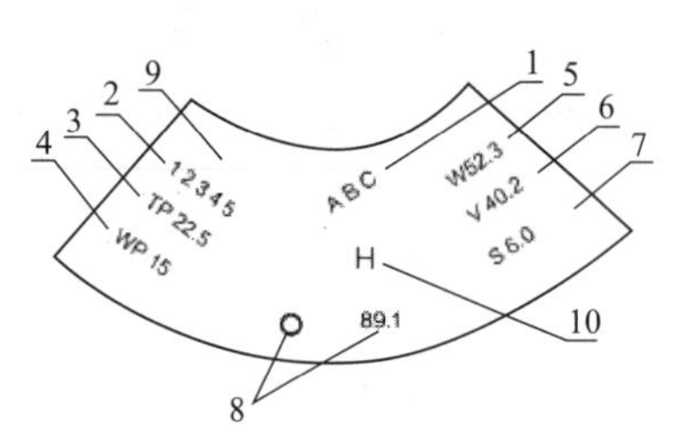

(a) 气体钢瓶的制造钢印标记

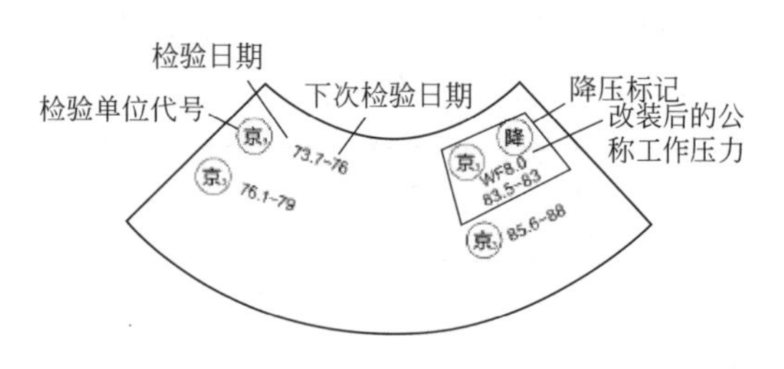

(b) 气体钢瓶的检验钢印标记

图 3-1 气体钢瓶制造钢印和检验钢印标记图

1—气体钢瓶制造单位代号；2—气体钢瓶编号；3—水压试验压力，MPa；4—公称工作压力，MPa；5—实际质量，kg；6—实际容量，L；7—瓶体设计壁厚，mm；8—制造单位检验标记和制造年月；9—监督检验标志；10—寒冷地区用气体钢瓶标记

（2）气体钢瓶的颜色标记

气体钢瓶的颜色标记是指气体钢瓶外表的颜色、字样、字色和色环（如图 3-2 所示）。气体钢瓶喷涂颜色的主要目的是方便辨识气体钢瓶内的介质，即从气体钢瓶外表的颜色上迅速辨识盛装某种气体的气体钢瓶和瓶内气体的性质（可燃性、毒性），避免错装和错用。此外，气体钢瓶外表喷涂带颜色的油漆，还可以防止气体钢瓶外表锈蚀。国内常用气体钢瓶的颜色标记见表 3-3。

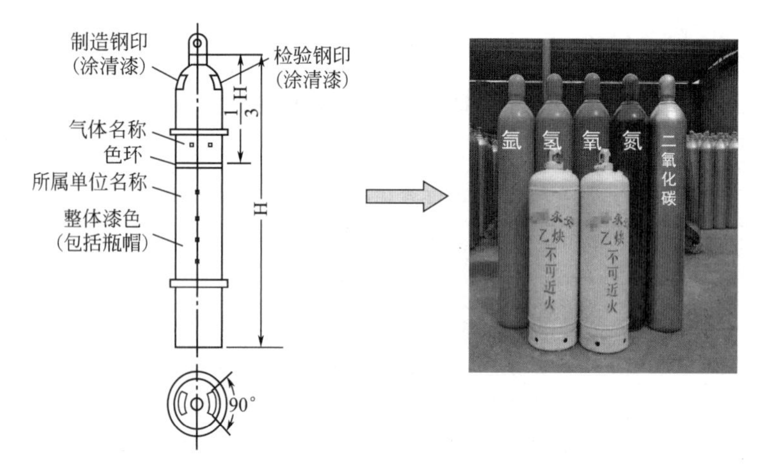

图 3-2 气体钢瓶的颜色标记图

表 3-3 国内常用气体钢瓶颜色标记

序号	充装气体名称	化学式	瓶色	字样	字色	色环
1	乙炔	C_2H_2	白	乙炔不可近火	大红	
2	氢	H_2	淡绿	氢	大红	$p=20$MPa，大红色单环 $p\geqslant 30$MPa，大红色双环
3	氧	O_2	淡(酞)蓝	氧	黑	$p=20$MPa，白色单环 $p\geqslant 30$MPa，白色双环
4	氮	N_2	黑	氮	白	
5	空气		黑	空气	白	

续表

<table>
<tr><th>序号</th><th colspan="2">充装气体名称</th><th>化学式</th><th>瓶色</th><th>字样</th><th>字色</th><th>色环</th></tr>
<tr><td>6</td><td colspan="2">二氧化碳</td><td>CO_2</td><td>铝白</td><td>液化二氧化碳</td><td>黑</td><td rowspan="5">$p=20$MPa，黑色单环</td></tr>
<tr><td>7</td><td colspan="2">氨</td><td>NH_3</td><td>淡黄</td><td>液氨</td><td>黑</td></tr>
<tr><td>8</td><td colspan="2">氯</td><td>Cl_2</td><td>深绿</td><td>液氯</td><td>白</td></tr>
<tr><td>9</td><td colspan="2">氟</td><td>F_2</td><td>白</td><td>氟</td><td>黑</td></tr>
<tr><td>10</td><td colspan="2">四氟甲烷</td><td>CF_4</td><td>铝白</td><td>液化四氟甲烷</td><td>黑</td></tr>
<tr><td>11</td><td colspan="2">甲烷</td><td>CH_4</td><td>棕</td><td>甲烷</td><td>白</td><td>$p=20$MPa，白单环
$p\geqslant30$MPa，白双环</td></tr>
<tr><td>12</td><td colspan="2">天然气</td><td></td><td>棕</td><td>天然气</td><td>白</td><td></td></tr>
<tr><td>13</td><td colspan="2">乙烷</td><td>C_2H_6</td><td>棕</td><td>液化乙烷</td><td>白</td><td>$p=15$MPa，白色单环
$p=20$MPa，白色双环</td></tr>
<tr><td>14</td><td colspan="2">丙烷</td><td>C_3H_8</td><td>棕</td><td>液化丙烷</td><td>白</td><td rowspan="4"></td></tr>
<tr><td>15</td><td colspan="2">丁烷</td><td>C_4H_{10}</td><td>棕</td><td>液化丁烷</td><td>白</td></tr>
<tr><td rowspan="2">16</td><td rowspan="2">液化石油气</td><td>工业用</td><td></td><td>棕</td><td>液化石油气</td><td>白</td></tr>
<tr><td>民用</td><td></td><td>银灰</td><td>液化石油气</td><td>大红</td></tr>
<tr><td>17</td><td colspan="2">乙烯</td><td>C_2H_4</td><td>棕</td><td>液化乙烯</td><td>淡黄</td><td>$p=15$MPa，白色单环
$p=20$MPa，白色双环</td></tr>
<tr><td>18</td><td colspan="2">氩</td><td>Ar</td><td>银灰</td><td>氩</td><td>深绿</td><td rowspan="4">$p=20$MPa，白色单环
$p\geqslant30$MPa，白色双环</td></tr>
<tr><td>19</td><td colspan="2">氦</td><td>He</td><td>银灰</td><td>氦</td><td>深绿</td></tr>
<tr><td>20</td><td colspan="2">氖</td><td>Ne</td><td>银灰</td><td>氖</td><td>深绿</td></tr>
<tr><td>21</td><td colspan="2">氪</td><td>Kr</td><td>银灰</td><td>氪</td><td>深绿</td></tr>
<tr><td>22</td><td colspan="2">一氧化碳</td><td>CO</td><td>银灰</td><td>一氧化碳</td><td>大红</td><td></td></tr>
</table>

（二）几种特殊气体钢瓶的性质和安全

1. 乙炔气瓶

乙炔是极易燃烧、容易爆炸的气体。含有7%～13%乙炔的乙炔-空气混合气，或含有30%乙炔的乙炔-氧气混合气最易发生爆炸。乙炔和氯、次氯酸盐等化合物也会发生燃烧和爆炸。存放乙炔气瓶的地方要求通风良好。使用时应装上回闪阻止器，还要注意防止气体回缩。如发现乙炔气瓶有发热现象，说明乙炔已发生分解，应立即关闭气阀，并用水冷却瓶体，同时最好将气瓶移至远离人员的安全处加以妥善处理。发生乙炔燃烧时，绝对禁止用四氯化碳灭火。

2. 氢气气瓶

氢气密度小，易泄漏，扩散速度很快，易和其他气体混合。氢气与空气混合气的爆炸极限是空气含量为18.3%～59.0%（体积分数），此时极易引起自燃自爆，燃烧速度约为2.7m/s。氢气瓶与盛有易燃、易爆、可燃物质及氧化性气体的容器和气瓶间的距离应不小于8m，与普通电气设备的间距应不小于10m，与空调装置、空气压缩机和通风设备等吸风口的间距应不小于20m。禁止敲击、碰撞，不得靠近热源，夏季应防止暴晒。氢气应单独存放，最好放置在室外专用的小屋内，以确保安全，严禁放在实验室内，严禁烟火。应旋紧气瓶开关阀。

3. 氧气气瓶

氧气是强烈的助燃烧气体，高温下，纯氧十分活泼；温度不变而压力增加时，可以和油类发生急剧的化学反应，并引起发热自燃，进而产生强烈爆炸。氧气瓶一定要严禁沾染油污，通气管道以及操作者身体和手也要检查，以防氧气冲出造成燃烧和爆炸事故。并绝对避免让其他可燃性气体混入氧气瓶；禁止用（或误用）盛其他可燃性气体的气瓶来充灌氧气。氧气瓶禁止放于阳光暴晒的地方。禁止在氧气瓶及易燃气瓶附近吸烟。

4. 氧化亚氮（笑气）

具有麻醉兴奋作用，受热时可分解成为氧和氮的混合物，如遇可燃性气体即可与此混合物中的氧化合燃烧。

（三）气瓶安全管理

1. 气瓶运输安全管理

运输和装卸气瓶时，应遵循下列要求：

① 运输工具上应有明显的安全标志。

② 必须配戴好瓶帽，轻装轻卸，严禁抛、滑、滚、碰。

③ 装卸吊装时，严禁使用电磁起重机和链绳。

④ 瓶内气体相互接触能引起燃烧、爆炸、产生毒物的气瓶，不得同车运输；易燃、易爆、腐蚀性物品或与瓶内气体起化学反应的物品，不得与气瓶一起运输。

⑤ 气瓶装在车上，应妥善固定。

2. 气瓶储存安全管理

① 气瓶为重点安全管理对象，无关人员不得随意操弄气瓶。

② 热源、明火必须远离气瓶 10m 以上。

③ 存储钢瓶必须竖直摆放，并用架子或套管固定，并做好区域标牌标识。

④ 夏季做好避免太阳直晒的防护工作。

⑤ 由专人做好接收确认工作，若存在如下安全隐患气瓶则不能搬入室内。

a. 气瓶漆色、充装气体名字样不清的。

b. 气瓶安全附件不全的（如没有气瓶瓶帽、防震圈）。

c. 气瓶瓶体和瓶阀沾有油污的。

d. 充装液化气的气瓶充装过量的。

e. 气瓶钢印标记不全或不能识别的。

f. 未实施定期技术检查的（充装氢气、氧气的气瓶每 3 年要检验 1 次）。

3. 气瓶使用安全管理

（1）使用气瓶的关联人员必须接受相关安全操作知识的教育，未经教育者不能上岗操作使用。

（2）日常使用前，按以下步骤进行操作确认。

① 确认减压阀是否有松动现象。

② 确认无异常后，缓慢打开钢瓶气阀。

③ 打开后，确认气瓶内残气压力，当减压阀显示表压低于或接近 0.05MPa 时，不能再

使用，以防止其他物质窜入。

④ 开启操作者应站在气体出口的侧面，避开减压器的防爆出口。

⑤ 以上确认无异常后，开启管路总阀。

⑥ 最后在使用的钢瓶上挂“使用中”的标识牌。

(3) 使用完毕，进行以下步骤的操作确认。

① 确认减压阀表压显示，对残留气量不足上述标准的，及时联系换装。

② 按顺序关闭钢瓶气阀、管路总阀。

③ 挂上“关闭中”标识。

④ 对乙炔等易燃气体使用完毕，尽可能将管路中剩余气体耗尽。

4. 气瓶采购、巡检管理

(1) 指定专人对气瓶及相关设施实施日常、定期点检工作（如下），并做好记录。

① 每次购入存放前，由专人按照要求的检查事项进行确认。

② 对布置在室内的气体管线每半年实施 1 次是否泄漏的定期检查。

③ 每周对储存在气瓶室内的钢瓶是否有泄漏、暴晒及其开启状态进行确认。

④ 对实验人员是否严格执行本管理制度状况进行不定期的检查，发现问题及时教育，并督促其改正。

(2) 指定专人负责气瓶日常采购工作，向有资质的供应商采购，并做好采购记录。

实验室是展开教学、培养人才、开展科技创新和社会服务工作的重要场所，实验室安全是实验室内各项工作顺利开展的基本保障，也是人们的生命财产安全的保证。实验室基础设施安全则是实验室安全的前提条件和基本保证，其内容主要包括实验室水电火。

水电火安全是在任何场所都必须给予足够关注的安全风险源。教育部《高等学校基础课教学实验室评估标准》中规定的实验室合格评估的内容和标准共有六项 39 个条目，其中重点“设施及环境”指出：“实验室的通风、照明、控温度、控湿度等设施完好，能保证各项指标达到设计规定的标准；电路、水、气管道布局安全规范。”

第一节 实验室用电及安全控制

实验室供电系统是维持实验室安全稳定运行的基本保障，在实验室中有用电需求的主要分为照明电和动力电两个工程。照明电即供给室内照明的用电，动力电则主要指的是用于仪器设备、控温、控湿等的电力供应。

《测量、控制和实验室用电气设备的安全要求 第 1 部分：通用要求》（GB 4793.1—2007）对实验室的配电系统做了技术、安全的要求和规范。

一、实验室供电系统

（一）实验室的照明系统

照明用电应单独设闸，照明度应满足实验操作需求，有防爆要求的实验室须按照防爆设计规定，安装防爆开关、防爆灯等。

（二）实验室设备供电系统

（1）实验室仪器设备所用 380V 和 220V 电源要与照明用电分区布置，分别设置配电保护装置，并有明显的区分或标志。

（2）专用配电柜应安装电源指示灯及电压表，大功率配电柜还应安装电流表。

（3）仪器设备所用电源电压波动应小于1%，稳压精度±2%；附加波形失真≤5%；效率≥90%。

（4）一些仪器按需要应配备UPS电源；每台设备应独立供电，并安装漏电保护装置。

（三）配电系统容量和扩展功能

实验室配电系统的设计应按《供配电系统设计规范》（GB 50052—2009）、《建筑照明设计标准》（GB 50034－2013）和《中华人民共和国电力行业标准》等相关标准对实验室配电系统进行严格规范化设计，保证配电系统容量的合理性和安全性。同时，实验室供配电系统应预留适当的备用容量及扩展功能；供电系统的容量应进行80%的冗余设计，接插座之间应考虑扩展功能。

（四）实验室的电线要求

在选用电线电缆时，一般要注意电线电缆型号、规格（导体截面）、导体的材质、绝缘层的材质等。

（1）严格按电线电缆国家标准选择电线电缆。

（2）选用电线电缆型号时，要考虑电缆的用途、敷设条件及安全性。

（3）选用电线电缆规格（导体截面）时，要考虑发热、电压损失、经济电流密度、机械强度等条件。

（五）配电布线要求

（1）电源布线预留位置根据仪器设备及操作人员使用要求来确定。

（2）380V设备供电线路尽量走电缆桥架，采用垂直布线，尽量缩短电缆长度。

（3）供电线路各相负载要均衡，设备供电电源各接线端子连接紧密；火线、零线及地线之间绝缘电阻≥100MΩ。

（4）电线接地系统的组成参照《交流电气装置的接地设计规范》（GB/T 50065—2011）、《电气装置安装工程　接地装置施工及验收规范》（GB 50169—2016）等国家标准中的规定设计。

（六）插座

（1）插座必须符合特殊环境下使用的要求，具有耐腐蚀、耐冲击、安全可靠、防尘、防水等功能。

（2）插座分为10A/220V多功能插座、13A/220V方脚三插插座（欧式）。按照仪器设备配电需要选择合适的插座。

二、实验室电气事故

实验室是用电比较集中的地方，人员多、设备多、线路多，实验室的安全用电是一个非常重要的问题。

（一）电气事故发生原因

从“人、物、环、管”四个方面分析高校实验室发生触电事故的原因。

1.“人”

很多实验室都面临着人员流动性大、安全意识薄弱等问题。

（1）缺乏电气安全知识。如：暗视野直接带电接线、手摸带电体；用手摸破损的胶盖刀闸。

（2）违反操作规程。如：带电连接线路或电气设备而又未采取必要的安全措施；触及破坏的设备或导线；误登带电设备；带电接照明灯具；带电修理电动工具；带电移动电气设备；用湿手拧灯泡等。

2.“物”

高校实验室存在教学科研仪器数量庞大、长时间交叉运行且基础设施保障不足等问题。

（1）设备缺少足够的安全保护装置，安全距离不够、安全通道及检修间距不足等。

（2）设备质量差，安全防护性能不合格。如：设备绝缘性能差或不合格；缆线绝缘破损严重。

（3）电气设备或供电线路的安装、维护不当。如电线乱搭、乱接或接线不规范，不悬挂或悬挂间距、高度不够，甚至放置地上。

（4）设备零件缺少或破损未及时补足、更换，敷衍了事，而使设备带病运行。

（5）电弧和电火花。直流电机电刷、设备开关断开电路、插头的插拔等产生电弧和电火花，易发生火灾、爆炸。

（6）电气设备本身存在的爆炸可能性。如：电容器、油断路器、电压互感器等。

（7）静电放电。静电放电火花也会造成火灾。

3.“环”

高校实验室主要面对的是有害气体、温湿度、粉尘等室内环境问题，导致电气设备受潮、受损而引发事故。

4.“管”

实验室防护设施缺失，制度规程不足，管理混乱，责任不明确等。

（二）电气事故类型

（1）按发生灾害形式分：人身事故、设备事故、电火灾和爆炸事故。

（2）按事故电路状况分：短路事故、断线事故、接地事故、漏电事故、电路故障。

（3）按能量形式及来源分：触电事故、静电事故、雷电事故。

（三）电气事故特点

（1）危险因素不易察觉，具有隐蔽性。电没有颜色、气味、形状，很难被察觉；漏电与短路发生在电气设备及管线内部，传统烟雾报警器很难对电气火灾实现早期报警。

（2）事故发生突然。电气事故发生时，来得突然，毫无征兆，火焰燃烧非常迅速。

（3）事故的危害性大。严重的电气事故不仅会造成重大的经济损失，还会造成人员的伤亡。

（4）事故涉及面广。电气事故不仅仅局限在用电领域，在非用电场所，因电能的释放也会造成灾害或伤害。

（四）电气事故危害

1. 爆炸、火灾危害

火灾爆炸是电气事故引发的最为严重的危害。静电火花静电电量虽然不大，但因其电压很高而容易发生火花放电；电气设备高电压火花放电、短时间的弧光放电、接触点上微小火花放电，都是引发火灾爆炸的火源。

2. 触电危害

人体对电流的反应是非常敏感的。触电时电流对人体的伤害程度与下列因素有关。

（1）人体电阻

人体电阻不是常数，在不同情况下，电阻值差异很大，通常在10～100kΩ之间。人体电阻越小，触电时通过的电流越大，受伤越严重。人体各部分的电阻也是不同的，其中皮肤角质层的电阻最大，而脂肪、骨骼、神经电阻较小，肌肉电阻最小。一个人如果角质损坏，他的人体电阻可降至0.8～100kΩ，在这种情况下接触带电体，容易带来生命危险。人体电阻是变化的，皮肤越薄、越潮湿，电阻越小；皮肤接触带电体面积越大，靠得越紧，电阻越小。通过人体的电流越大，电压越高，使用时间越长，电阻越小。人体电阻还受身体健康状况和精神状态的影响。如体质虚弱、情绪激动、醉酒等，容易出汗，使人体电阻急剧下降，所以在这几种情况下也不宜从事电气操作。

（2）不同强度的电流对人体的伤害

大量的实践告诉我们，人体上通过1mA工频交流电或5mA直流电时，就有麻、痛的感觉，10mA左右自己尚能摆脱电源，超过50mA就很危险了。若有100mA的电流通过人体，则会造成呼吸窒息，心脏停止跳动，直至死亡。

（3）不同电压的电流对人体的伤害

人体接触的电压越高，通过人体的电流就越大，对人体的伤害也越严重。在触电的实际统计中，有70%以上是在220V或380V交流电压下触电死亡的。以触电者人体电阻为1kΩ计，在220V电压下通过人体的电流有220mA，能迅速将人致死。人们通过大量实践发现，36V以下电压对人体没有严重威胁，所以把36V以下的电压规定为安全电压。

（4）不同频率的电流对人体的伤害

实验证明，直流电对血液有分解作用；高频电流不仅不危险，还可用于医疗。即触电危险性随频率的增高而减小，40～60Hz交流电最危险。

（5）电流的作用时间与人体受伤的关系

电流作用于人体的时间越长，人体电阻越小，则通过人体的电流越大，对人体的伤害就越严重。如工频50mA交流电，如果作用时间不长，还不至于死亡；若持续数十秒，必然引起心脏室颤，心脏停止跳动而致死。

（6）电流通过的不同途径对人体的伤害

电流通过头部使人昏迷，通过脊髓可能导致肢体瘫痪，若通过心脏、呼吸系统和中枢神经，可导致精神失常、心跳停止、血循环中断。可见，电流通过心脏和呼吸系统最容易导致触电死亡。

三、实验室用电安全控制

所谓安全用电，系指电气工作人员、生产人员以及其他用电人员，在既定环境条件下，采取必要的措施和手段，在保证人身及设备安全的前提下正确使用电力。

（一）电气防火防爆措施

1. 正确使用各种插座

两孔插座：小型单相电器，电压为220V。

三孔插座：带金属外壳的电器，电压为220V。三孔分别为火线（L）、零线（N）和地线（E）。

四孔插座：提供动力电，三个为相线（L），一个为中心线（N）。相电压为220V，线电压为380V。必须断电操作。

为仪器选配插座必须电压、功率匹配，以防插座过热烧毁，引起火灾。

2. 加强电气设备的维护和管理及排除燃爆危险隐患

（1）正确选用电气设备，具有爆炸危险的场所应按规范选择防爆电气设备。

（2）合理选择电气安装位置，保持必要的安全间距是防火防爆的一项重要措施。

（3）加强电气设备的维护、保养、检修，保持电气设备足够的绝缘能力，保持电气连接良好等。

（4）保证设备通风良好，防止设备过热。在有爆炸危险的场所，必须保证通风良好以降低爆炸性混合物的浓度。

（5）必须按规定接地。所有金属外壳、设备都要有可靠的接地，防止打雷闪电和漏电引起的火花。

（6）杜绝设备超负荷运行和“故障”运行。

（7）采用耐火设施，提高实验室装置、器械、家具的耐火性能，室内必须配备灭火装置。

（二）人体防触电措施

1. 采用安全电压

安全电压是指人体较长时间接触而不致发生触电危险的电压，即人体较长时间接触，对人体各部位组织器官（如皮肤、心脏、呼吸器官和神经系统）不会造成任何损害的电压。安全电压也叫安全特低电压（SELV）。

安全电压值的确定不仅取决于电压高低，还与人体电阻有关，人体的电阻又受环境、温度和湿度的影响，并且影响很大。参考我国国家标准《特低电压（ELV）限值》（GB/T 3805—2008），该标准规定了在各种预期环境下最高电压不足以使人体流过的电流能造成不良生理效应，不可能造成危害的临界等级以下的系列电压限值。

采用安全电压能够限制人员触电时通过人体的电流在安全电流范围内，是一项防止触电伤亡事故的重要技术措施。

2. 采用屏护

屏护是指采用专门的装置把危险的带电体同外界隔离开来，防止人体接触或过分接近带电体，以及便于安全操作的安全防护措施。

屏护装置主要包括：遮栏、栅栏、围墙、罩盖、箱闸、保护网等。

屏护的特点是屏护装置不直接与带电体接触，对所用材料的电气性能无严格要求，但应有足够的机械强度和良好的耐火性能。

3. 保证电气设备的绝缘性能

绝缘是用绝缘物将带电导体封闭起来，使之不能对人身安全产生威胁。一般使用的绝缘物有瓷、云母、橡胶、胶木、塑料、布、纸、矿物油等。

足够的绝缘电阻能把电气设备的泄漏电流限制在很小的范围内，可以防止漏电引起的事故。不同电压等级的电气设备有不同的绝缘电阻要求，并要定期进行测定。

实验室操作人员还应正确使用绝缘用具，穿着绝缘靴、鞋。

4. 保证安全距离

为防止人体触及或过分接近带电体，或防止车辆和其他物体碰撞带电体，以及避免发生各种短路、火灾和爆炸事故，在人体与带电体之间、带电体与地面之间、带电体与带电体之间、带电体与其他物体和设施之间，都必须保持一定的距离，这种距离称为电气安全距离，简称间距。

间距的大小取决于电压的高低、设备的类型及安装的方式等因素。间距大致可分为4种：各种线路的间距；变配电设备的间距；各种用电设备的间距；检维修时的间距。

各种线路、变配电设备及各种用电设备的间距在电力设计规范及相关资料中均有明确而详细的规定。如：在低压操作中，人体及其所带工具与带电体的距离不应小于0.1m；在高压无遮拦操作中，人体及其所带工具与带电体之间的最小距离视工作电压不应小于0.7～1.0m。

5. 合理选用电气装置

从安全要求出发，必须合理选用电气装置，才能减少触电危害和火灾爆炸事故。电气设备主要根据周围环境来选择，例如，在干燥少尘的环境中，可采用开启式和封闭式；在潮湿和多尘的环境中，应采用封闭式；在有腐蚀性气体的环境中，必须采取密封式；在有易燃易爆危险的环境中，必须采用防爆式。

6. 装设漏电保护装置

装设漏电保护装置的主要作用是防止由于漏电引起人身触电，其次是防止由于漏电引起的设备火灾以及监视、切除电源接地故障。有的漏电保护器还能够切除仪器设备运行的故障。

7. 保护接地与接零

（1）保护接地：保护接地就是把用电设备的金属外壳与接地体连接起来，使用电设备与大地紧密连通。

（2）保护接零：保护接零就是把电气设备在正常情况下不带电的金属部分与电网的零线紧密地连接起来。

（三）用电安全管理措施

为了营造一个安全有效、秩序良好的实验室环境，达到“科学、规范、安全、高效”的目的，应制订合理有效的用电管理措施。

1. 实验室职责

（1）实验人员负责电器的日常检查和报修。

（2）设备保障部门负责电器的维修。

2.主要管理内容

（1）严格遵守电器使用规程，不准超负荷用电。

（2）使用电气设备时，必须检查连接无误后才可操作。

（3）开关电闸时，动作要迅速、果断和彻底，并使用绝缘手柄，以免形成电弧或火花，造成电灼伤。

（4）保险丝熔断时，应先检查确证电器正常后，才能按规定更换新保险丝，再投入运行。严禁任意加大保险丝。

（5）电器或线路过热，应停止运行，断电后检查处理。

（6）电器接线及线路必须保持干燥，并不得有裸露线路，以防漏电及伤人。禁止用铁柄刷子或湿布清洁电闸。

（7）实验中停电，应关闭一切正在使用的电器，只开一盏检查灯。恢复供电后再按规定重新通电工作。

（8）使用高压电源时（如电器实验），要按规定穿戴绝缘手套、绝缘靴，站在橡胶绝缘垫上，用专用工具操作。

（9）所有电气设备，不得私自拆动、改装、修理。

（10）室内有可燃气体或蒸气时，禁止开、关电器。

（11）电器开关箱内不准放置杂物，并注意定期检查漏电保护开关，以确保其灵活可靠。

（12）实验工作结束后，应切断总开关。

（13）发现人员触电，应立即切断电源，并迅速抢救。

第二节　实验室用水及安全控制

一、实验室用水认识

水作为各类实验的载体和介质，被广泛使用。由于自然水中普遍存在多种物质（颗粒、细菌、有机物、气体、离子等），它们单个或相互作用，能影响和干扰实验结果的准确性，不能满足实验需求。根据不同的实验项目要求，选择使用不同种类、不同级别的纯水。

（一）实验室用水等级分类

根据《分析实验室用水规格和试验方法》（GB/T 6682—2008）的规定，实验室通用水分为三个级别：一级水、二级水和三级水。

（1）三级水是用蒸馏、电渗析或离子交换法制得的。三级水在日常实验中用量最大，多用于器皿的洗涤等。三级水可以使用密闭、专用的玻璃容器储存。

（2）二级水含有微量的无机、有机或胶态杂质，可容忍少量细菌存在，可用多次蒸馏或离子交换等制得，也可用三级水进行蒸馏制备。二级水用于精确分析研究，如制备常用试剂溶液，用于原子吸收光谱分析、无机痕量分析等大多数仪器分析实验。二级水使用密闭的、专用聚乙烯容器储存。

（3）一级水不含有溶解杂质或胶态杂质有机物，可用二级水经过石英设备蒸馏或交换混床处理后，再经 0.2μm 微孔滤膜过滤来制取。一级水用于有严格要求的分析实验，如制备标准水样，使用液相色谱、原子吸收等方法检测分析超痕量物质，以及细胞培养和生物学指标的实验。一级水一般不储存，使用前制备，防止容器可溶成分的溶解、空气中的二氧化碳和其他杂质污染等。

（二）实验室常见用水的种类

实验中的用水，由于实验目的不同对水质各有一定的要求，如冷凝作用、仪器的洗涤、溶液的配制以及大量的化学反应和分析及生物组织培养，对水质的要求都有所不同。因此需要把水提纯，纯水常用蒸馏法、离子交换法、反渗透法、电渗析法等方法获得。了解实验室用水安全，首先要清楚实验室用水的种类，用蒸馏法制得的纯水叫做蒸馏水，用离子交换法等制得的纯水叫去离子水。

1. 自来水

自来水是实验室用得最多的水，一般器皿的清洗、真空泵中用水、冷却水等都是用自来水。如果使用不当，就会造成麻烦，比如与电接触。针对上行水和下行水出现故障，比如水龙头或水管漏水、下水道排水不畅时，应及时修理和疏通；冷却水的输水管必须使用橡胶管，不得使用乳胶管，上水管与水龙头的连接处及上水管、下水管与仪器或冷凝管的连接处必须用管箍夹紧，下水管必须插入水池的下水管中。

2. 蒸馏水

实验室最常用的一种纯水，虽制取设备便宜，但极其耗能和费水且速度慢，应用会逐渐减少。蒸馏水能去除自来水中大部分的污染物，但挥发性的杂质无法去除，如二氧化碳、氨以及一些有机物。新鲜的蒸馏水是无菌的，但储存后细菌易繁殖；此外，储存的容器也很讲究，若是非惰性的物质，离子和容器的塑形物质会析出造成二次污染。

3. 去离子水

应用离子交换树脂去除水中的阴离子和阳离子，但水中仍然存在可溶性的有机物，可以污染离子交换柱从而降低其功效，去离子水存放后也容易引起细菌的繁殖。

4. 反渗水

其生成的原理是水分子在压力的作用下，通过反渗透膜过滤制取纯水，水中的杂质被反渗透膜截留排出。反渗水克服了蒸馏水和去离子水的许多缺点，利用反渗透技术可以有效去除水中的溶解盐、胶体、细菌、病毒、细菌内毒素和大部分有机物等杂质，但不同厂家生产的反渗透膜对反渗水的质量影响很大。

5. 超纯水

其标准是水电阻率为18.2MΩ·cm。但超纯水在TOC（总有机碳）分析、细菌、内毒素等方面的指标并不相同，要根据实验的要求来确定，如细胞培养则对细菌和内毒素有要求，而HPLC（高效液相色谱仪）则要求TOC低。

二、实验室用水安全控制

（1）实验室上、下水道必须保持通畅。应让师生了解实验楼自来水总闸的位置，当发生水患时，立即关闭水闸。

（2）实验室要杜绝自来水龙头打开而无人监管的现象，要定期检查上下水管路、化学冷却冷凝系统的橡胶管等，避免发生因管路老化等情况所造成的漏水事故。

（3）冬季做好水管的保暖和放空工作，防止水管受冻爆裂。

（4）生活用水与各类实验用水的取水口必须分开，保证生活用水与实验用水管道的相对独立，避免互混，尤其是保证生活用水及各类实验用水不被化学试剂污染。

第三节 实验室用火及安全控制

实验室承担着繁重的科研任务，实验人员的随机性与流动性也在逐渐扩大，各类实验中或多或少地会接触到危险化学品及仪器设备，一旦发生火灾，不仅造成设备设施损坏，而且多年辛苦得来的实验成果也将付之东流，同时影响正常的科研活动，甚至对实验人员的生命构成威胁。通过对实验室常见火灾原因进行分析，提出预防对策，可减少火灾的发生和灾害的扩大。

一、实验室主要引火源

燃烧的三要素是：可燃物、助燃物和引火源。助燃物就是氧气等能与可燃物发生燃烧反应的物质。实验室的可燃物很多，可以控制和减少其数量。因此分析火灾原因的关键是引火源。

1. 易燃易爆危险品

在实验中，各种化学危险物品使用极为普遍，种类繁多。这些物品性质活泼，稳定性差，有的易燃，有的易爆，有的自燃，有的性质抵触，相互接触即能发生着火或爆炸。危险化学品储存、使用、处置不当，稍有不慎，就可能酿成火灾事故。据统计，实验室80%的安全事故是因化学品而引发的燃烧、爆炸事故，主要发生在化学品的使用和储存等环节，主要原因是有的性质相互抵触的危险品未分类存放；有的实验室对危险品的储存量、储存品种不加限制；有的将遇水自燃化学品放置在不符合安全条件的场所；有的使用和制备易燃易爆气体时不在通风橱内进行或实验室通风不好致积聚，在空气中形成爆炸性混合物；有的盛装易燃易爆气体或溶剂的容器垫片老化或阀门松动未及时更换导致外泄。

2. 明火加热设备

实验室里常使用煤气灯、酒精灯或酒精喷灯、电烘箱、电炉、电烙铁等加热设备和器具，增大了实验室的火灾危险性。煤气灯加热过程中，若煤气漏气，易与空气形成爆炸性混合物。酒精则易挥发、易燃，其蒸气在空气中能爆炸。电烘箱若运行时间长，易出现控制系统故障，发热量增多，温度升高，造成被烘烤物质或烘箱附近可燃物自燃。例如，某学院因用电烘箱时停电，没有切断电源，来电后烘箱连续通电达数小时无人管理，加之控温设备失灵，烘燃了烘箱附近的可燃物质造成一场重大火灾事故。加热电炉发生火灾的原因在于：被加热物料外逸的可燃蒸气接触热电阻丝；或容器破裂后可燃物落在电阻丝上；或绝缘破坏、受潮后线路短路或接点接触不良，产生电火花，引起可燃物着火。其中高温电炉的热源极易引燃周围的可燃物。

3. 电气火灾

电气火灾是指由于电气线路、用电设备以及供配电设备因短路、接触不良、过负荷、漏电等故障引发的火灾。实验室有很多电气设备，存在的安全隐患有：没有资质的电工进行不规范的安装维护；乱拉乱接线路、接线板串联供电或同一个接线板连接很多用电设备；实验人员离开后未关闭用电设备。

4. 静电放电

静电是一种处于稳定状态下不产生流动的电荷。它的起因非常复杂，而且不同物质形态间的静电产生机理也各不相同。固体产生静电的方式主要是摩擦起电；液体产生静电则主要是液体（如油脂、漆类）与固体（如金属、高分子材料）的界面形成偶电层，其中偶电层的内层是紧贴在固体表面上的离子，称为固定层或吸附层，而外层则是可动的离子，被称为活动层或扩散层，且当液体流动时，流动层的带电粒子随液体流动形成静电。气体产生静电兼有液体产生静电的特点，当气体中含有杂质（悬浮着固体微粒或小液滴）时，气体在流动和高速喷出时就会带有静电。当处于不同静电电位的两个物体间的静电电荷发生转移，就会产生静电放电 ESD（electro-static discharge）。

随着实验室精密仪器数量不断增加，易燃性化学品使用量不断增长，实验过程可燃性气体、粉尘不断产生，静电放电（ESD）现象日益严重，造成的影响和危害也越来越大，其中最严重的是静电放电引起可燃物的起火和爆炸。静电放电现已成为实验室火灾爆炸的主要成因之一。

实验室主要引火源见表 4-1。

表 4-1 实验室主要的引火源

火源种类	举例
电气火花	电线、配电盘、接线板、变压器、开关、仪表
用电器具	电烘箱、水浴锅、计算机、仪器设备及其防护装置
灯具	白炽灯、蜡烛、喷灯
发热、高温固体	机械轴承、机械加工的零件、熔融金属、机械摩擦高温设备高温表面
加热用火	酒精灯、马弗炉、加热炉、水浴锅、电炉
火种	烟头、打火机、焊割火花、炭火、火柴
自燃物品	白磷、硝化棉、活性炭末、钠
危险物品	炸药、雷管、烟花爆竹、火药、过氧化物
自然火源	雷电、静电、太阳射线、碰撞产生的火花
其他	反应放热、燃烧反应、可燃气体绝热压缩

二、火灾分类与分级

（一）火灾的分类

根据《火灾分类》（GB/T 4968—2008）标准，依据可燃物质的类型和燃烧特性，可将火灾分为 A、B、C、D、E、F 六类。

（1）A 类火灾：指固体物质火灾。如木材、煤、棉、毛、麻、纸张等发生的火灾。这类物质通常具有有机物的性质，在燃烧时一般能产生灼热的余烬。

（2）B 类火灾：指液体或可熔化的固体物质火灾。如煤油、柴油、石蜡、原油、沥青、甲醇、乙醇等发生的火灾。

（3）C 类火灾：指气体火灾。如煤气、天然气、甲烷、乙烷、丙烷、氢气等发生的火灾。

（4）D 类火灾：指金属火灾。如钾、钠、镁、铝镁合金等发生的火灾。

（5）E 类火灾：带电火灾。物体带电燃烧的火灾。它包括家用电器、电子元件、电气设备（计算机、复印机、打印机、传真机、发电机、电动机、变压器等）以及电线电缆等燃烧时仍带电的火灾。

（6）F类火灾：烹饪器具内的烹饪物火灾。如动、植物油脂的火灾。

（二）火灾的等级

依据《生产安全事故报告和调查处理案例》（国务院令493号），2007年6月26日公安部下发《关于调整火灾等级标准的通知》，新的火灾等级标准由原来的特大火灾、重大火灾、一般火灾三个等级调整为特别重大火灾、重大火灾、较大火灾和一般火灾四个等级。火灾等级常以造成的死亡人数来划分，在统计时一般是“以上”包括本数，“以下”不包括本数。

（1）特别重大火灾。指造成30人以上死亡，或者100人以上重伤，或者1亿元以上直接财产损失的火灾。

（2）重大火灾。指造成10人以上30人以下死亡，或者50人以上100人以下重伤，或者5000万元以上1亿元以下直接财产损失的火灾。

（3）较大火灾。指造成3人以上10人以下死亡，或者10人以上50人以下重伤，或者1000万元以上5000万元以下直接财产损失的火灾。

（4）一般火灾。指造成3人以下死亡，或者10人以下重伤，或者1000万元以下直接财产损失的火灾。

三、实验室火灾原因及防范措施

（一）实验室火灾主要原因

从安全管理的角度来看，造成高校实验室火灾事故的主要有“人、物、环、管”四种因素。

1. 人的不安全行为

实验室工作人员操作不当引起火灾事故，包括：①实验过程操作不慎；②不熟悉药品性质或实验操作流程；③实验过程未正确佩戴防护用具；④未及时遏止他人的错误操作行为；⑤未及时除去安全隐患；⑥在实验室嬉戏打闹；⑦在实验室吸烟，或者明火加热食物；⑧私自将易燃易爆品等带进实验室；⑨实验废弃物未正确处理；⑩实验操作人员不会正确使用消防器材。

2. 物的不安全状态

实验室化学品、仪器设备等物品处于不安全状态而引起火灾事故，包括：

①实验室的部分药品本身存在危险性；②实验室可能存放易燃易爆物品；③电气线路老化、私拉乱接电线等；④实验室仪器设备及其防护用具装置老化或者损坏；⑤实验室使用大范围的明火操作；⑥插排或者其他带电设备放在水池旁边；⑦未及时更换标签被腐蚀的试剂瓶；⑧触电危险的地方未安装遮挡和明显的警示标志。

3. 环境的不安全状态

实验室不安全的环境也是其中的一个重要因素，包括：①实验室消防通道宽度过窄；②消防通道内杂物堆积；③实验室的温度、湿度、噪声、振动、亮度和通风情况不符合实验标准。

4. 管理缺陷

实验室工作人员的重视程度不够，安全意识淡薄，相关负责人对实验室安全问题的普及不足，包括：①实验室未张贴危险警示标志；②实验室安全管理制度不周密，运行机制不顺畅；③实验前未对实验室操作人员进行实验操作安全知识培训考核；④实验室未制订火灾相关应急预案；⑤实验室责任制度未层层落实到个人。要针对实验室常见火灾原因，预防和减少火灾发生，确保万一发生尽早采取有效措施扑灭。

（二）实验室火灾预防措施

1. 电火灾预防措施

（1）电气设备预防措施

① 电气设备、电气线路必须保证绝缘良好，特别是防止生产场所高温管道烫伤电缆绝缘外层，防止发生短路；电缆线应穿管保护防止破损；生产现场电器检修时应断开电源，防止发生短路。

② 合理配置负载，禁止乱接、乱拉电源线。保持机械设备润滑、消除运转故障，防止电机过载现象发生。

③ 经常检查导线连接、开关、触点，发现松动、发热应及时紧固或修理。

④ 使用易燃溶剂的场所应按照危险特性使用防爆电器（含仪表），防爆电器应符合规定级别，防爆电器安装应符合要求。有时防爆电器密封件松动、绝缘层腐蚀或破损等，仍存在不易被发现的电气火花，这常常是有机溶剂、可燃气体火灾、爆炸事故的明火原因。

（2）静电预防措施

① 首先是尽可能选择不易产生静电的溶剂，从源头上解决问题。

② 也可以采用增加溶剂的含水量或增添抗静电添加剂如无机盐表面活性剂等方法，使溶剂的电阻率降低到 $10^6 \sim 10^8 \Omega \cdot cm$ 以下，有利于将产生的静电导出。

③ 采用静电接地的方法是实验室普遍采用的重要防静电措施。所有金属设备、容器、管道、构架都可以通过静电接地措施及时消除带电导体表面的静电积聚，但是对非导电体是无效的。

④ 在容易引起火灾、爆炸的危险场所，人体产生的静电不可忽视。操作者工作时不应穿化纤服装、毛衣和丝绸，应穿防静电工作服、帽子、手套和工作鞋，工作场所也不能穿脱衣物。场所应设人体接地棒，工作前应赤手接触人体接地棒以导出人体静电。人体在行动中产生的静电需要通过场所地面导出，因此场所地面应具有一定的导电性或洒水使地面湿润增加导电性。作业场所一般不能做成环氧树脂地面，如防腐需要则应添加导电物质成分。

2. 化学火灾预防措施

（1）一级试剂的管理

一级试剂是指闪点不大于 25℃ 的试剂，如醚、苯、甲醇、丙酮、石油醚、乙酸乙酯等。闪点是指可燃液体的蒸气与空气形成混合物后和火焰接触时闪火的最低温度。实验室的火焰口装置应远离一级试剂，实验室中存有较大量上述试剂时，应贴有“严禁火种”“严禁吸烟”等警示标志。放置这类物品的房间内不能有煤气灯、酒精灯及有电火花产生的任何电气设备，室内应有通风装置。使用一级试剂或进行产生有毒有害气体的实验时，应远离火源，在通风橱内进行，通风橱应由防火阻燃材料制成。储存一级试剂时，必须将容器口密封，置阴凉通风处保存。

（2）危险品库的管理

实验操作室内仅能存放少量实验需要的试剂或有机溶剂，不可储存大量的化学危险品，化学危险品应存放在危险品库内。危险品库内不准进行实验工作，不得穿带钉子的鞋入内。危险品库应由专人保管，保管人员须经常检查在库危险品储存情况，发现泄漏及时处理。库内严禁吸烟，禁止明火照明。废旧包装不得在库内存放。搬运危险品时严禁滚动、撞击。

防范实验室火灾，一是应制订安全管理制度和操作规程，如实验室消防安全制度、消防安全操作规程、设备操作规程、危险化学品储存使用及废弃物处理规定、消防应急预案等。二是落实相关安全制度。许多火灾的发生不是因为制度规程不够完善，而是制度落实度不够，执行程度不好，只有从根本上提高防范意识，才能真正地落到实处。

定期对实验人员等进行系统性的消防安全培训，组织消防演练，树立"安全就是效益""消防工作是其他工作的保障"的安全理念，普及消防知识，提高师生员工的消防安全意识、扑救初起火灾和自救逃生技能；以案说法开展警示教育，剖析实验室火灾的灾害成因，提高实验人员对火灾的认识。组织各种专业培训，熟悉实验设备、实验各环节的安全操作规程，知晓实验过程中突发事件应对处置办法，提高专业技能，有效防止意外火灾发生。针对不同类型的实验室有针对性地进行灭火和应急疏散预案演练，提高突发事故的临机处置能力，确保一旦发生火灾，快速、有效处置。

实验室要配备满足场所类型的灭火器，不同的实验室使用的仪器设备和实验材料有差异，根据可能引起发生火灾的分类配备合适的消防器材，同时加强日常巡检维护，保证消防设施完好有效。

四、实验室火灾扑救措施

（一）火灾扑救的一般原则

1. 报警早，损失少

报警应沉着冷静，及时准确：简明扼要地报出起火部门和部位、燃烧的物质、火势大小；如果拨打119火警电话，还必须讲清楚起火单位名称、详细地址、报警电话号码，同时派人到消防车可能来到的路口接应，并主动及时地介绍燃烧的性质和火场内部情况，以便迅速组织扑救。

2. 边报警，边扑救

在报警的同时，要及时扑救初起火，在初起阶段由于燃烧面积小，燃烧强度弱，放出的辐射热量少，是扑救的有利时机，只要不错过时机，用很少的灭火器材，如一桶黄沙，或少量水就可以扑灭，所以，就地取材、不失时机地扑灭初起火灾是极其重要的。

3. 先控制，后灭火

在扑救火灾时，应首先切断可燃物来源，然后争取灭火一次成功。

4. 先救人，后救物

在发生火灾时，如果人员受到火灾的威胁，人和物相比，人是主要的，应贯彻执行救人第一、救人与灭火同步进行的原则，先救人后疏散物资。

5. 防中毒，防窒息

在扑救有毒物品时要正确选用灭火器材，尽可能站在上风向，必要时要佩戴面具，以防中毒或窒息。

6. 听指挥，莫惊慌

平时加强防火灭火知识学习，并积极参与消防训练，才能做到一旦发生火灾不会惊慌失措。

（二）灭火的基本方法

1. 冷却法

降低燃烧物的温度，使温度低于燃点，使燃烧过程停止。如：用水和二氧化碳直接喷射燃烧物。

2. 窒息法

减少燃烧区域的氧气量。如用不燃的石棉被、麻袋等覆盖在燃烧物上；向燃烧物上喷射氮气或二氧化碳等气体以冲淡空气，使火焰熄灭。

3. 隔离法

使燃烧物和未燃烧物隔离，限制燃烧范围。

4. 抑制法

使灭火剂参与到燃烧反应过程中去，中断燃烧的连锁反应。如：向燃烧物上喷射 1211 等灭火剂。

（三）灭火器

1. 灭火器的分类

（1）按移动方式分类：手提式和推车式。

（2）按驱动灭火剂的动力来源可分为：储气瓶式、储压式、化学反应式。

（3）按充装的灭火剂分类：泡沫灭火器、干粉灭火器、二氧化碳灭火器、卤代烷灭火器、清水灭火器等。

（4）按灭火类型分：A 类灭火器、B 类灭火器、C 类灭火器、D 类灭火器、E 类灭火器等。

2. 灭火器的认识

灭火器的外部可视零部件主要有筒体、阀门、开启阀门压把、提把、保险装置、喷嘴、铭牌标识等。灭火器的基本参数主要反映在灭火器铭牌上，它就像灭火器的说明书一样，能够清晰地告诉我们它的各项功能信息。依据《手提式灭火器　第 1 部分：性能和结构要求》（GB 4351.1—2005）的规定，铭牌主要包含有以下内容：灭火器的名称、型号和灭火剂类型；灭火器的灭火种类和灭火级别；灭火器使用温度范围；灭火器驱动气体名称和数量或压力；灭火器水压试验压力（应永久性标志在灭火器不受内压的底圈上）；灭火器认证标记；灭火器生产连续序号；灭火器生产日期；灭火器生产厂商信息；灭火器的使用方法，包括一个或多个图形说明，位于铭牌的明显位置；再充装说明和日常维护说明，共计 11 方面内容。图 4-1 所示为 3kg 手提贮压式 ABC 干粉灭火器。

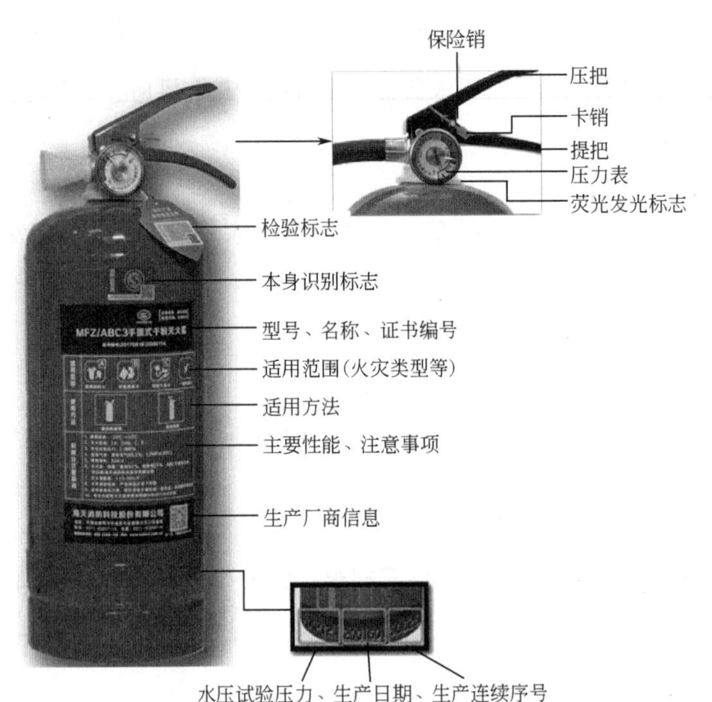

图 4-1 3kg 手提贮压式 ABC 干粉灭火器

(1) 灭火器认证标志

灭火器瓶身有两个贴纸标志，其中一张为红色覆膜，一张为黄色纸质，都是灭火器的“身份证”。红色覆膜为本身识别标志，直接贴在灭火器瓶身上，具有特殊的防伪性能，终身携带，无法被转移到别的灭火器上，可以用手机扫描登录中国消防产品信息网或者应急管理部消防产品合格评定中心网站，进行真伪查询；黄色纸质则为检验标志，挂在瓶嘴或是其他部位。

(2) 灭火器型号

我国消防产品型号是按照《消防产品分类及型号编制导则》(XF/T 1250—2015) 行业标准规定编制的，消防产品型号一般应由类别代号、品种代号、产品代号、特征和主参数代号、自定义代号等部分构成。类别代号和品种代号，分别由一位代表性文字大写汉语拼音字母表示。产品代号应按照同一品种内不重复的原则，由产品标准做出具体规定。特征和主参数代号用来划分产品规格，为可选代号，由产品标准做出具体规定。目前手提式灭火器型号按照《手提式灭火器 第 1 部分：性能和结构要求》(GB 4351.1—2005) 标准编制：第一位是灭火器类别代号“M”；第二位是灭火剂的品种代号 (S－水基灭火剂、P－泡沫灭火剂、F－干粉灭火剂、T－二氧化碳灭火剂、J－洁净气体灭火剂)；第三位如果是“C”代表车用灭火器 (不是车用灭火器不需要写)，如果是“Z”代表贮压式灭火器 (不是贮压式灭火器不用写)；第四位是特定的灭火剂特征代号 (不具有不用写)。如：AR 是泡沫灭火剂具有扑灭水溶性液体燃料的特征；最后数字是额定充装量 (单位 kg/L)，也代表灭火器规格。例如：型号 MPZ/AR6 含义是 6L 手提贮压式抗溶性泡沫灭火器；MFZ/ABC3 含义是 3kg 手提贮压式 ABC 干粉灭火器。推车式灭火器型号按照《推车式灭火器》(GB 8109—2005) 标准编制，与手提式灭火器型号编制类似，区别只在第三位，第三位是“T”代表推车式，“T”后面如果有“Z”代表贮压式灭火器 (不是贮压式灭火器不用写)。例如：MFTZ/

ABC25 含义是 25kg 推车贮压式 ABC 干粉灭火器，MFT/ABC5 含义是 5kg 推车贮气瓶式 ABC 干粉灭火器。

（3）灭火器压力表

灭火器的压力表可观测判断额定工作压力是否在正常范围之内。压力表上划分为红、黄、绿三个区域，压力指针指向红区，表示该灭火器欠压，不能正常喷出灭火剂；压力指针指向黄区，表示该灭火器超压，有爆炸的危险；压力指针指向绿区，表示该灭火器压力正常，可以正常使用。压力表的字母代表灭火剂的品种代号。

（4）灭火器有效期

灭火器的底圈上一般会标注灭火器的生产日期、生产连续序号、水压试验压力。通过生产日期我们可以判断出该灭火器是否处于有效期内，是否该进行相应的定期检测维修。按照《建筑灭火器配置验收及检查规范》（GB 50444—2008）和《灭火器维修》（GA 95—2015）行业标准规定，灭火器定检维修年限：水基型灭火器，出厂 3 年首次检验，以后每年检验 1 次；干粉灭火器、洁净气体灭火器、二氧化碳灭火器，出厂 5 年首次检验，以后每 2 年检验 1 次。灭火器报废年限：水基型灭火器，6 年；干粉灭火器、洁净气体灭火器，10 年；二氧化碳灭火器，12 年。

根据燃烧物质的不同，选择不同类型的灭火器来扑救。见表 4-2。

表 4-2 不同类别、对象火灾的灭火器选用

火灾类别	选用灭火器的种类
扑救 A 类火灾	应选择水型灭火器、磷酸铵盐干粉型灭火器或卤代烷灭火器
扑救 B 类火灾	应选择泡沫型灭火器、碳酸氢钠干粉型灭火器(又称 BC 类干粉灭火器)、磷酸铵盐干粉型灭火器(又称 ABC 类干粉灭火器)、二氧化碳型灭火器、灭 B 类火灾的水型灭火器或卤代烷灭火器。极性溶剂的 B 类火灾场所应选择灭 B 类火灾的抗溶性灭火器
扑救 C 类火灾	应选择磷酸铵盐干粉型灭火器、碳酸氢钠干粉型灭火器、二氧化碳型灭火器或卤代烷灭火器
扑救 D 类火灾	应选择扑灭金属火灾的专用灭火器
扑救 E 类火灾	应选择磷酸铵盐干粉型灭火器、碳酸氢钠干粉型灭火器、卤代烷灭火器或二氧化碳型灭火器，但不得选用装有金属喇叭喷筒的二氧化碳型火火器
火灾对象	选用灭火器的种类
扑救文物档案	应选用二氧化碳、四氯化碳、1211、二氟二溴甲烷、2402、1301、七氟丙烷、六氟丙烷类灭火器
扑救易燃液体	应该选用干粉、二氧化碳、四氯化碳、1211、二氟二溴甲烷、1301、2402、七氟丙烷、六氟丙烷、抗溶泡沫类灭火器
扑救易燃气体	应该选用干粉、二氧化碳、四氯化碳、1211、二氟二溴甲烷、1301、2402、七氟丙烷、六氟丙烷类灭火器
电气设备火灾	应该选用干粉、二氧化碳、四氯化碳、1211、二氟二溴甲烷、1301、2402、七氟丙烷、六氟丙烷类灭火器
精密仪器火灾	应该选用二氧化碳、四氯化碳、1211、二氟二溴甲烷、1301、2402、七氟丙烷、六氟丙烷类灭火器

3. 实验室常见灭火器材的使用方法

常见灭火器的性能及使用方法如下：

① 干粉灭火器。各类灭火器中，以干粉灭火器（图 4-2）最为常见，大多数化学实验室都配备这类灭火器。

干粉灭火器内装的药剂是粉状磷酸铵盐或碳酸盐。适用于扑救各种易燃、可燃液体和易

图 4-2　干粉灭火器

燃、可燃气体火灾，以及电气设备火灾。

干粉灭火器的使用方法：

a. 使用前，把灭火器上下颠倒几次，使筒内干粉松动；

b. 拉掉保险丝，拔出保险销；

c. 按下压把，干粉便会从喷嘴喷射出来；

d. 若有喷粉胶管的干粉灭火器，则一只手握住喷嘴，另一只手按下压把；

e. 在距起火点 5m 左右处，放下灭火器。(在室外使用时，应占据上风向。)

注意事项：

a. 干粉灭火器在灭火过程中始终保持直立状态，不得横卧或颠倒使用，否则难以喷粉；

b. 防止复燃，因为干粉灭火冷却作用甚微，在着火点存在炽热物的条件下，灭火后易产生复燃；

c. 扑救液体火灾时，应从火焰侧面，对准火焰根部，由近而远，左右扫射，快速推进，直至把火焰全部扑灭；

d. 扑救容器内可燃液体火灾时，应从侧面对准火焰根部，左右扫射，不要把喷嘴直接对准液面喷射，以防干粉气流冲击力使油液飞溅。

② 二氧化碳灭火器。二氧化碳灭火器（图 4-3）是加压将液态二氧化碳压缩在小钢瓶中，灭火时将其喷出，气体可以排除空气而包围在燃烧物体的表面或分布于较密闭的空间中，降低可燃物周围或防护空间内的氧气浓度，产生窒息作用而灭火。同时从容器中急速喷出时，会由液体迅速汽化成气体而从周围吸收部分热量，起到冷却的作用。二氧化碳灭火器有隔绝空气和降温的作用。

二氧化碳灭火器具有流动性好、喷射率高、不腐蚀容器和不易变质等优良性能。适用于扑救 B 类火灾（如煤油、柴油、原油、甲醇、乙醇、沥青、石蜡等火灾)、C 类火灾（如煤气、天然气、甲烷、乙烷、丙烷、氢气等火灾)、E 类火灾（带电设备和精密电子仪器、贵重设备的火灾)，由于灭火后不留痕迹，尤其适宜扑救家用电器火灾。二氧化碳灭火器不能扑救 D 类火灾（金属火灾)。

图 4-3　二氧化碳灭火器

使用方法：

a. 灭火时将灭火器提到火场，距燃烧物 5m 左右放下灭火器。

b. 拔掉保险丝，一只手握住喇叭喷筒根部的手柄，把喷筒对准火焰；另一只手旋开手轮（鸭嘴式二氧化碳灭火器，压下压把)，二氧化碳就会喷射出来。

c. 对没有喷射软管的二氧化碳灭火器，应把喇叭筒子往上扳 70°～90°。

d. 二氧化碳灭火器适用范围：一般适用于 600V 以下的带电电气设备、贵重设备及一般可燃液体的初起火灾。

注意事项：

a. 使用时不能直接用手抓住喇叭筒体外壁和金属连接管，防止手被冻伤；

b. 灭火器在喷射过程中保持直立状态，不可平放或颠倒使用；

c. 扑灭流淌液体火灾时，将 CO_2 灭火剂由近而远向火喷射；

d. 可燃液体在容器内燃烧时，从容器的一侧上部向燃烧的容器中喷射，不能使用 CO_2 射流直接冲击到可燃液面上；

e. 在室外使用 CO_2 灭火时，应选择在上风方向喷射；

f. 在室内窄小的空间使用，操作者使用后应迅速离开，以防窒息中毒。

③ 泡沫灭火器。它内有两个容器，在内筒和外筒中分别盛放硫酸铝和碳酸氢钠溶液两种液体，两种溶液互不接触。平时千万不能碰倒泡沫灭火器。当需要使用泡沫灭火器时，把灭火器倒立，两种溶液便混合在一起，产生大量的二氧化碳气体：$Al_2(SO_4)_3 + 6NaHCO_3 = 3Na_2SO_4 + 2Al(OH)_3\downarrow + 6CO_2\uparrow$。

通常除了两种反应物外，灭火器中还加入一些发泡剂。发泡剂能使泡沫灭火器在打开开关时喷射出大量二氧化碳以及泡沫，使其黏附在燃烧物品上，使燃烧着的物质与空气隔离，并降低温度，达到灭火的目的。由于泡沫灭火器喷出的泡沫中含有大量水分，它不如二氧化碳液体灭火器，后者灭火后不污染物质，不留痕迹。泡沫灭火器主要适用于扑救各种油类火灾及木材、纤维、橡胶等固体可燃物火灾。使用泡沫灭火器时，相对应的操作是：取下灭火器；手提灭火器尽快到起火现场；一只手握提环，另一只手抓住底部；把灭火器颠倒过来，轻轻抖动几下；对准燃烧物喷出泡沫进行灭火。

④ 卤代烷灭火器。这类灭火器内充装卤代烷灭火剂。常见的是 1211 灭火器。

1211 灭火器的性能良好、应用范围广泛。它的灭火效率高，灭火速度快，以前是非常常用的灭火器之一。1211 灭火器的灭火主要不是依靠冷却、稀释氧或隔绝空气等物理作用来实现的，而是通过其抑制燃烧的化学反应过程，中断燃烧的链反应而迅速灭火的，属于化学灭火。

卤代烷的蒸气有一定的毒性，使用时应避免吸入蒸气和与皮肤接触，使用后应通风换气 10min 以上，方可再进入使用区域。

⑤ 砂箱、灭火毯、湿抹布等。砂箱灭火主要是用砂子将火源与空气隔离而窒息灭火。适宜于油类火灾，特别是地淌油类火灾。灭火毯和湿抹布也是利用将火源与空气隔离来窒息灭火的，适宜于实验室的初期小火。

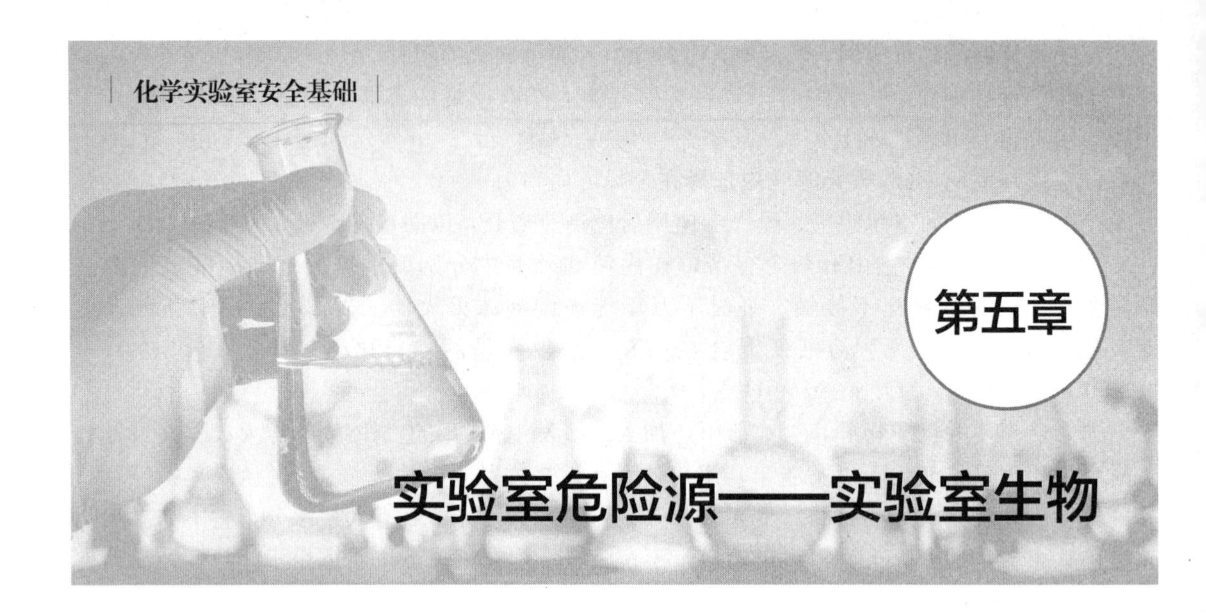

随着我国高等教育事业的蓬勃发展和科学研究水平的快速提升，许多高校先后建设了不同等级的生物实验室，开展相关的教学和科研工作。这些生物实验室具有研究范围广、使用人员多、研究对象安全风险大等特点，因此，要采取相关措施防止实验室发生感染物质的意外暴露和释放，对可能产生的危险进行有效预防和控制，将生物实验室风险降低到可控范围，确保实验教学科研活动在安全、稳定的状态下有序进行。实验室生物安全已经成为高校实验室建设与管理的一项重要内容。

第一节　实验室生物安全认识

实验室生物安全是指以实验室为科研和工作场所时，避免危险生物因子造成实验室人员暴露、向实验室外扩散并导致危害的综合措施。良好的生物安全常识是识别实验室生物危险源和安全保障的基础。

一、生物安全基本概念

（1）生物安全：避免生物危险因子造成实验人员暴露，向实验室外扩散并导致危害的综合措施。

（2）生物危害：指有害或有潜在危害的生物因子对人、环境、生态和社会造成的危害或潜在危害。

（3）生物因子：包括能够进行基因修饰、细胞培养和生物体内寄生的，可能致人、动物感染、过敏或中毒的一切微生物和其他生物活性物质。

（4）病原微生物：病原微生物是指可以侵犯人体，引起感染甚至传染病的微生物，或称病原体。病原体中，以细菌和病毒的危害性最大。病原微生物包括朊毒体、真菌、细菌、螺旋体、支原体、立克次体、衣原体、病毒。

（5）气溶胶：悬浮于气体介质中的粒径一般为 0.001～100μm 的固态或液态微小粒子形

成的相对稳定的分散体系。

气溶胶分为飞沫核、粉尘气溶胶，对实验室工作人员都具有严重的危害。其程度取决于微生物本身的毒力、气溶胶的浓度、粒子的大小和当时实验室的微小气候。研究发现，粒径越小的颗粒危害越大。许多操作可产生微生物气溶胶，并随空气扩散而污染实验室的空气，当工作人员吸入了污染的空气，便可引起实验室相关感染。

（6）消毒：减少细菌芽孢除外的微生物的数量，不需杀灭或清除全部的微生物。

（7）灭菌：破坏或去除所有微生物及其孢子的过程，即有效致使目的物没有微生物的过程。

（8）净化：去除生物和非生物的所有类型污染的过程。

（9）生物安全实验室：通过规范的实验室设计建造、实验设备的配置、个人防护装备的使用，严格遵从标准化的工作操作程序和管理规程等综合措施，确保操作生物危险因子的工作人员不受实验对象的伤害，确保周围环境不受其污染，确保实验因子保持原有本性的实验室。

（10）实验室分区：在生物安全实验室中按照实验因子污染的概率分区。

（11）清洁区：在正常工作中没有实验因子污染的可能。

（12）半污染区：在正常工作中没有污染，只是存有潜在轻微污染的可能。

（13）污染区：在正常工作中一般没有污染，但有一定的较大和较严重的污染机会。

（14）实验室防护区：实验室的物理分区，该区域内生物风险相对较大，需对实验室的平面设计、围护结构的密闭性、气流，以及人员进入、个体防护等进行控制的区域。

（15）缓冲间：设置在被污染概率不同的实验室区域间的密闭室，需要时，设置机械通风系统，其门具有互锁功能，不能同时处于开启状态。

（16）气锁：具备机械送排风系统、整体消毒灭菌条件、化学喷淋（适用时）和压力可监控的气密室，其门具有互锁功能，不能同时处于开启状态。

（17）物理防护设备：用物理或机械方法防止病原体逸出的设备。

（18）个人防护装备：用于防止人员受到化学和生物等有害因子伤害的器材和装备，主要包括口罩和防护眼镜、工作服、防护服、工作鞋、鞋套等。

（19）生物安全柜：操作危险性微生物时所用的箱形空气净化安全装置，保护使用者和环境不受因为操作产生的有害危险物质和微生物气溶胶的伤害。生物安全柜按防护水平分为Ⅰ级、Ⅱ级、Ⅲ级。

（20）安全罩：覆盖在生物医学实验室工作台或仪器设备上的相对于环境为负压的排风罩，以减少实验室工作者的危险。

（21）高效空气过滤器：对粒径$\geqslant 0.3\mu m$的粒子捕集效率在99.97%以上及气流阻力在245Pa以下的空气过滤器。

（22）一级屏障：是操作者和被操作对象之间的隔离，也称一级隔离。如生物安全柜、手套、口罩、眼镜、个体防护装备等。

（23）二级屏障：是生物安全实验室和外部环境的隔离，也称二级隔离。

二、生物的危害等级

不同国家微生物流行的状况不同，可根据微生物的传染性、感染后对个体或者群体的危害程度进行分类。微生物危害程度分类主要依据：

（1）微生物的致病性：致病性越强，导致的疾病越严重，其等级越高。

（2）微生物的传播方式和宿主范围：受当地人群已有的免疫水平、宿主群体的密度和流动、适宜媒介的存在以及环境卫生水平等因素的影响。

（3）当地所具备的有效预防措施：接种疫苗或给予抗血清的防御（被动免疫）；卫生措施，例如食品和饮水的卫生；动物宿主或节肢动物媒介的控制。

（4）当地所具备的有效治疗措施：被动免疫、暴露后接种疫苗以及使用抗生素、抗病毒药物和化学治疗药物，还应考虑出现耐药菌株的可能性。

（一）国内生物危害等级

1. 生物危害等级分类

按照《实验室　生物安全通用要求》（GB 19489—2008），根据生物因子对个体和群体的危害程度将其分为四级，即危害等级Ⅰ、Ⅱ、Ⅲ、Ⅳ，其中Ⅰ级危害程度最低，Ⅳ级危害程度最高。

（1）危害等级Ⅰ（低个体危害，低群体危害）：不会导致健康工作者和动物致病的细菌、真菌、病毒和寄生虫等生物因子。

（2）危害等级Ⅱ（中等个体危害，有限群体危害）：能引起人或动物发病，但一般情况下对健康工作者、群体、家畜或环境不会引起严重危害的病原体。实验室感染不会导致严重疾病，具备有效治疗和预防措施，并且传播风险有限。

（3）危害等级Ⅲ（高个体危害，低群体危害）：能引起人或动物严重疾病，或造成严重经济损失，但通常不能因偶然接触而在个体间传播，或能用抗生素、抗寄生虫药治疗的病原体。

（4）危害等级Ⅳ（高个体危害，高群体危害）：能引起人或动物非常严重的疾病，一般不能治愈，容易直接、间接或因偶然接触在人与人，或动物与人，或人与动物，或动物与动物之间传播的病原体。

2. 病原微生物等级分类

按照《病原微生物实验室生物安全管理条例》（2004年，中华人民共和国国务院424号令）第七条，根据病原微生物的传染性、感染后对个体或者群体的危害程度，将病原微生物分为四类：

第一类病原微生物，是指能够引起人类或者动物非常严重疾病的微生物，以及我国尚未发现或者已经宣布消灭的微生物。

相应的风险危害等级为Ⅳ级（个体高风险，群体高风险），即容易直接或间接或因偶然接触在人与人、动物与人、人与动物、动物与动物之间传播，一般为不能治愈的病原体（如天花病毒）。

第二类病原微生物，是指能够引起人类或者动物严重疾病，比较容易直接或者间接在人与人、动物与人、动物与动物间传播的微生物。

相应的风险危害等级为Ⅲ级（个体高风险，群体低风险），即通常不能因偶然接触而在个体间传播，或能使用抗生素、抗寄生虫药治疗的病原体（如伤寒杆菌、朊病毒）。

第三类病原微生物，是指能够引起人类或者动物疾病，但一般情况下对人、动物或者环境不构成严重危害，传播风险有限，实验室感染后很少引起严重疾病，并且具备有效治疗和预防措施的微生物。

相应的风险危害等级为Ⅱ级（个体中风险，群体有限风险），一般情况下对健康工作者、群体、家畜或环境不构成严重危险的病原体，如杯状病毒、人疱疹病毒7型。实验室暴露很少引起致严重性疾病的感染，具备有效治疗和预防措施，并且传播风险有限。

第四类病原微生物，是指在通常情况下不会引起人类或者动物疾病的微生物。

相应的风险危害等级为Ⅰ级（个体低风险、群体低风险），即不会使健康工作者或动物致病的微生物（如细菌、真菌、病毒）和寄生虫等（如非致病性生物因子）。

第一类、第二类病原微生物统称为高致病性病原微生物。

3. 病原微生物名录

为确保实验室生物安全，规范和指导病原微生物的科学研究、教学、临床标本检测以及监测，我国按照病原微生物的危害等级对具体病原微生物进行详细分类，卫生部2006年颁布《人间传染的病原微生物名录》（以下简称《名录》），农业部2005年颁布《动物病原微生物分类名录》。《名录》除对病原微生物的危害程度进行分类外，还规定了其不同实验操作的防护水平以及运输的包装要求。

（1）人间传染的病原微生物名录

根据国际上病原微生物和实验室生物安全的最新研究进展，以及新的人间传染的病原微生物的发现，对病原微生物的生物学特点、致病性等有了更多新的认识，为确保实验室生物安全，2021年12月份国家卫生健康委员会组织专家对2006年版《名录》进行了修订。其中将病原微生物分类与世界卫生组织（WHO）分类接轨，按危害程度由高到低分为第四类、第三类、第二类、第一类；2006年版的则与《病原微生物实验室生物安全管理条例》中病原微生物分类一致，危害程度由高到低分为第一类、第二类、第三类、第四类。

2006年版《名录》中病毒为160种、附录6种。修订后的《目录》中病毒为167种、附录7种，其中危害程度第四类（原第一类）28种、第三类（原第二类）48种、第二类（原第三类）85种和第一类（原第四类）6种。

2006年版《名录》中细菌类病原微生物为155种，修订后为159种，其中危害程度第三类（原第二类）15种、第二类（原第三类）144种。

2006年版《名录》中真菌类病原微生物为59种，修订后为166种，其中危害程度第三类（原第二类）7种、第二类（原第三类）159种。

《人间传染的病原微生物名录》（修订本）例表见表5-1。

（2）动物病原微生物分类名录

根据《病原微生物实验室生物安全管理条例》第七条、第八条的规定，2005年农业部颁布《动物病原微生物分类名录》，对动物病原微生物分类如下：

① 一类动物病原微生物：口蹄疫病毒、高致病性禽流感病毒、猪水泡病病毒、非洲猪瘟病毒、非洲马瘟病毒、牛瘟病毒、小反刍兽疫病毒、牛传染性胸膜肺炎丝状支原体、牛海绵状脑病病原、痒病病原，共计10种。

② 二类动物病原微生物：猪瘟病毒、鸡新城疫病毒、狂犬病病毒、绵羊痘/山羊痘病毒、蓝舌病病毒、兔病毒性出血症病毒、炭疽芽孢杆菌、布氏杆菌，共计8种。

表 5-1 《人间传染的病原微生物名录》（修订本）例表

序号	病毒名称			危害程度分类	实验活动所需实验室等级					运输包装分类⑥		备注	修改说明
	英文名	中文名	分类学地位		病毒培养①	动物感染实验②	未经培养的感染材料的操作③	灭活材料的操作④	无感染性材料的操作⑤	A/B	UN编号		
1	*Alastrim virus*	类天花病毒	痘病毒科	第四类（原第一类）	BSL-4	ABSL-4	BSL-3	BSL-2	BSL-1	A	UN2814		
2	*Crimean-Congo hemorrhagic fever virus*	克里米亚-刚果出血热病毒	布尼亚病毒科	第四类	BSL-3	ABSL-3	BSL-3	BSL-2	BSL-1	A	UN2814		
3	*Eastern equine encephalitis virus*	东方马脑炎病毒	披膜病毒科	第四类	BSL-3	ABSL-3	BSL-3	BSL-2	BSL-1	A	UN2814	仅病毒培养物为A类	仅病毒培养物为A类
4	*Ebola virus*	埃博拉病毒	丝状病毒科	第四类	BSL-4	ABSL-4	BSL-3	BSL-2	BSL-1	A	UN2814		
5	*Flexal virus*	弗莱克索尔病毒	沙粒病毒科	第四类	BSL-4	ABSL-4	BSL-3	BSL-2	BSL-1	A	UN2814		根据"病毒名称"中的"中文名称"应为中文名的原则，修订名称
6	*Guanarito virus*	瓜纳瑞托病毒	沙粒病毒科	第四类	BSL-4	ABSL-4	BSL-3	BSL-2	BSL-1	A	UN2814		

① 病毒培养：指病毒的分离、培养、滴定、中和试验、活病毒及其蛋白纯化、病毒冻干以及产生活病毒的重组试验等操作。利用活病毒或其感染细胞（或细胞提取物），不经灭活进行的生化分析、血清学检测、免疫学检测等操作视同病毒培养。使用病毒培养物提取核酸，裂解剂或灭活剂的加入必须在与病毒培养等同级别的实验室和防护条件下进行，裂解剂或灭活剂加入后可比照未经培养的感染性材料的防护等级进行操作。

② 动物感染实验：指以活病毒感染动物的实验。

③ 未经培养的感染性材料的操作：指未经培养的感染性材料在采用可靠的方法灭活前进行的病毒抗原检测、血清学检测、核酸检测、生化分析等操作。未经可靠灭活或固定的人和动物组织标本因含病毒量较高，其操作的防护级别应比照病毒培养。

④ 灭活材料的操作：指感染性材料或活病毒在采用可靠的方法灭活后进行的病毒抗原检测、血清学检测、核酸检测、生化分析、分子生物学实验等不含致病性活病毒的操作。

⑤ 无感染性材料的操作：指针对确认无感染性的材料的各种操作，包括但不限于无感染性的病毒 DNA 或 cDNA 操作。

⑥ 运输包装分类：按国际民航组织文件 Doc9284《危险品航空安全运输技术细则》的分类包装要求，将相关病原和标本分为 A、B 两类，对应的联合国编号分别为 UN2814（动物病毒为 UN2900）和 UN3373。对于 A 类感染性物质，若表中未注明"仅限于病毒培养物"，则包括涉及该病毒的所有材料；对于注明"仅限于病毒培养物"的 A 类感染性物质，则病毒培养物按 UN2814 包装，其他标本按 UN3373 要求进行包装。凡标明 B 类的病毒和相关样本均按 UN3373 的要求包装和空运。通过其他交通工具运输的可参照以上标准进行包装。

注：BSL-n/ABSL-n：不同的实验室/动物实验室等级。

③ 三类动物病原微生物。a. 多种动物共患病病原微生物：低致病性流感病毒、致病性大肠杆菌、沙门氏菌、巴氏杆菌等，共计 18 种；b. 牛病病原微生物：牛白血病病毒、牛流

行热病毒等，共计 7 种；c. 羊病病原微生物：山羊关节炎/脑脊髓炎病毒等共计 3 种；d. 猪病病原微生物：日本脑炎病毒、猪细小病毒、猪圆环病毒等，共计 12 种；e. 马病病原微生物：马传染性贫血病毒、马动脉炎病毒等，共计 8 种；f. 禽病病原微生物 17 种；g. 兔病病原微生物 4 种；h. 水生动物病病原微生物 22 种；i. 蜜蜂病病原微生物 6 种；j. 其他动物病病原微生物 8 种。

④ 四类动物病原微生物：是指危险性小、低致病力、实验室感染机会少的兽用生物制品、疫苗生产用的各种弱毒病原微生物以及不属于第一、二、三类的各种低毒力的病原微生物。

（二）WHO 病原微生物等级分类

世界卫生组织（WHO）一直非常重视生物实验室安全问题，早在 1983 年就发布《实验室生物安全手册》，将传染性微生物根据其致病能力和传染的危险程度等划分为四类；将生物实验室根据其设备和技术条件等划分为四级；其相应的操作程序也划分为四级，并对四类微生物可操作的相应级别的实验室及程序进行了规定。

《实验室生物安全手册》给各个国家作为参考和指南，有助于各国制订并建立微生物学操作规范，确保微生物资源的安全，进而确保其可用于临床、研究和流行病学等各项工作。

世界卫生组织《实验室生物安全手册》感染性微生物的危险度等级分类：

危险度Ⅰ级（无或极低的个体和群体危险）：不太可能引起人或动物致病的微生物。

危险度Ⅱ级（个体危险中等，群体危险低）：病原体能够对人或动物致病，但对实验室工作人员、社区、牲畜或环境不易导致严重危害。实验室暴露也许会引起严重感染，但对感染有有效的预防和治疗措施，并且疾病传播的危险有限。

危险度Ⅲ级（个体危险高，群体危险低）：病原体通常能引起人或动物的严重疾病，但一般不会发生感染个体向其他个体的传播，并且对感染有有效的预防和治疗措施。

危险度Ⅳ级（个体和群体的危险均高）：病原体通常能引起人或动物的严重疾病，并且很容易发生个体之间的直接或间接传播，对感染一般没有有效的预防和治疗措施。

我国的生物危害等级分类标准和 WHO 等国际标准有所出入，但内容对应是基本一致的。生物等级分类对比如表 5-2 所示。

表 5-2 生物等级分类对比表

《病原微生物实验室生物安全管理条例》	《实验室 生物安全通用要求》（GB 19489—2008）	WHO《实验室生物安全手册》（第三版，2004）
四类 在通常情况下不会引起人类或者动物疾病的微生物	Ⅰ级（低个体危害，低群体危害）不会导致健康工作者和动物致病的细菌、真菌、病毒和寄生虫等生物因子	Ⅰ级（无或极低的个体和群体危险）不太可能引起人或动物致病的微生物
三类 能够引起人类或者动物疾病，但一般情况下对人、动物或者环境不构成严重危害，传播风险有限，实验室感染后很少引起严重疾病，并且具备有效治疗和预防措施的微生物	Ⅱ级（中等个体危害，有限群体危害）能引起人或动物发病，但一般情况下对健康工作者、群体、家畜或环境不会引起严重危害的病原微生物。实验室感染不导致严重疾病，具备有效治疗和预防措施，并且传播风险有限	Ⅱ级（个体危险中等，群体危险低）病原微生物能够对人或动物致病，但对实验室工作人员、社区、牲畜或环境不易导致严重危害。实验室暴露也许会引起严重感染，但对感染有有效的预防和治疗措施，并且疾病传播的危险有限

续表

《病原微生物实验室生物安全管理条例》	《实验室　生物安全通用要求》(GB 19489—2008)	WHO《实验室生物安全手册》(第三版,2004)
二类　能够引起人类或者动物严重疾病,比较容易直接或者间接在人与人、动物与人、动物与动物间传播的微生物	Ⅲ级(高个体危害,低群体危害)能引起人类或动物严重疾病,或造成严重经济损失,但通常不能因偶尔接触而在个体间传播,或能使用抗生素、抗寄生虫药物治疗的病原微生物	Ⅲ级(个体危险高,群体危险低)病原微生物通常能引起人或者动物的严重疾病,但一般不会发生感染个体向其他个体的传播,并且对感染有有效的预防和治疗措施
一类　能够引起人类或者动物非常严重疾病的微生物,以及我国尚未发现或者已经宣布消灭的微生物	Ⅳ级(高个体危害,高群体危害)能引起人或动物非常严重疾病,一般不能治愈,容易直接或间接或偶然接触在人与人,或动物与人,或人与动物,或动物与动物间传播的病原微生物	Ⅳ级(个体和群体危险均高)病原微生物通常能引起人或动物的严重疾病,并且很容易发生个体之间的直接或间接传播,对感染一般没有有效的预防和治疗措施

三、实验室生物安全防护水平分级

生物安全实验室，也称生物安全防护实验室，是通过一系列的防护屏障和管理措施，防止病原微生物或动物病原体泄漏，并且达到生物安全要求的生物实验室。生物安全实验室由主实验室、其他实验室和辅助用房组成。根据所操作的生物因子的危害程度和危险的病原体隔离所需采用的生物安全防护措施，实验室需要不同的防护水平。

实验室不同水平的设施、安全设备以及实验操作技术和管理措施构成了生物实验室的各级生物安全水平。生物安全实验室分为 4 个等级：按照生物安全水平（biosafety level，BSL）分为 BSL-1、BSL-2、BSL-3、BSL-4 共四个生物安全等级，也对应国内俗称的个体防护水平（physical protection ）分为 P1、P2、P3 和 P4 共四个等级。实验室等级越高，其研究的病原微生物危害程度越高，防护等级也就越高。BSL-1 级防护水平最低，BSL-4 实验室即 P4 实验室，是生物安全最高等级的实验室，可有效阻止最危险的传染性病原体释放到环境中，同时也为研究人员提供安全保障。BSL-3、BSL-4 级实验室从事高致病性病原微生物实验活动，要通过国家认可，获得相应级别的实验室生物安全证书，证书有效期为 5 年。各级生物安全实验室安全水平、操作和设备见表 5-3。

表 5-3　生物安全实验室安全水平、操作和设备

危害等级	生物安全水平	实验室类型	实验室操作	安全设备
Ⅰ级	BSL-1(基础实验室)	基础的教学、研究	GMT	不需要;开放实验台
Ⅱ级	BSL-2(基础实验室)	初级卫生服务;诊断、研究	GMT 加防护服、生物危害标志	开放实验台,此外需 BSC 用于防护可能生成的气溶胶
Ⅲ级	BSL-3(屏障实验室)	特殊的诊断、研究	在二级生物安全防护水平上增加特殊防护服、准入制度、定向气流	BSC 和/或其他所有实验室工作所需要的基本设备
Ⅳ级	BSL-4(高度屏障实验室)	危险生物因子研究	在三级生物安全防护水平上增加气锁入口、出口淋浴、污染物品的特殊处理	Ⅲ级 BSC 或Ⅱ级 BSC 加正压服、双开门高压灭菌器(穿过墙体)、经过滤的空气

注：BSC 表示生物安全柜；GMT 表示微生物学操作技术规范。

（一）BSL-1 级生物安全实验室

BSL-1 级生物安全实验室适用于对个体和群体低危害，不具有对健康成人、动物致病的致病因子，如枯草芽孢杆菌、格氏阿米巴原虫和感染性犬肝炎病毒等危害等级一级的微生物。不需要特殊的一级和二级屏障。BSL-1 级生物安全实验室是生物安全防护的基本水平，安全设备和实验设施的设计和建设仅适用于进行基础的教学和研究，除需要洗手池外，仅依靠标准的微生物操作即可获得基本的防护水平。

BSL-1 级生物安全实验室的很多活动是培训和教学，当涉及学生教学时，由于学生安全意识差、人员多，可能会有一些意想不到的状况发生。

BSL-1 级生物安全实验室需满足如下设施和设备的要求：实验室的门应有可视窗并可锁闭，门锁及门的开启方向应不妨碍室内人员逃生；应设洗手池，宜设置在靠近实验室的出口处；实验室门口处应设存衣或挂衣装置，可将个人服装与实验室工作服分开放置；地面应平整、防滑，不应铺设地毯；实验室台柜等及其摆放应便于清洁，实验台面应防水、耐腐蚀、耐热和坚固，实验室应有足够的空间和台柜等摆放实验室设备和物品，避免相互干扰、交叉污染，并应不妨碍逃生和急救；实验室可以利用自然通风，如果采用机械通风，应避免交叉污染；应在 30m 内设洗眼装置，必要时应设紧急喷淋装置；应配备适用的应急器材，如消防器材、意外事故处理器材、急救器材等；必要时，应配适当的消毒灭菌设备。

（二）BSL-2 级生物安全实验室

BSL-2 级生物安全实验室适用于对个体中等危害，对群体危害较低，对人和动物有致病性，但对健康成人、动物和环境不会造成严重危害，且具有有效的预防和治疗措施的致病因子。如 O157：H7 大肠杆菌、沙门氏菌，甲、乙和丙型肝炎病毒等。BSL-2 级生物安全实验室的操作、安全设备和实验设施的设计和建设适用于临床、诊断、教学，处理危害等级Ⅱ的微生物。

一级屏障：BSL-2 级实验室的危险主要是意外地经皮肤或黏膜接触或摄入生物危险物质，需要比较齐全的Ⅰ级或Ⅱ级生物安全柜和正压防护服类个人防护。这些操作对象和操作者之间的隔离就是一级屏障。

二级屏障：在Ⅰ级生物安全防护水平的基础上增加废弃物消毒设施高压灭菌器等，达到二级生物安全实验室的防护水平。

BSL-2 级生物安全实验室需满足如下设施和设备的要求：实验室的设施和设备除要达到一级生物安全实验室的要求外，还要满足：实验室主入口的门、放置生物安全柜实验间的门应可自动关闭；实验室主入口的门应有进入控制措施；实验室工作区域外应有存放备用物品的条件；应在实验室工作区配备洗眼装置；应在实验室或其所在的建筑内配备高压蒸汽灭菌器或其他适当的消毒灭菌设备；应在操作病原微生物样本的实验间内配备生物安全柜；应按产品的设计要求安装和使用生物安全柜。

（三）BSL-3 级生物安全实验室

BSL-3 级生物安全实验室操作对象对个体高度危害，对群体危害程度较高。通过直接接触或气溶胶使人传染上严重的甚至是致命疾病，通常是有预防和治疗措施的致病因子。主要指通过呼吸途径吸入使人感染严重的甚至是致死疾病的微生物及其毒素，如炭疽芽孢杆菌、黄热病毒、汉坦病毒、HIV、SARS冠状病毒。三级生物安全实验室的操作、安全设备和实验设施的设计和建设适用于专门的诊断和研究、处理危害等级Ⅲ的微生物。BSL-3级实验室的危险主要是经皮肤破损处、经口摄入以及吸入感染性气溶胶。BSL-3级实验室通过一级和二级（防护）屏障来保护实验操作人员和实验室周围免受污染。

一级屏障：特殊的人体防护和呼吸道防护措施，以及严格的操作规范，Ⅱ级或Ⅲ级生物安全柜。

二级屏障：在Ⅱ级BSL的基础上，包括受控的进入通道和经高效过滤器过滤的通风设施。

BSL-3级生物安全实验室的设施和设备要求很严格，具体如下：

1. 平面布局

实验室应明确区分辅助工作区和防护区，应在建筑物中自成隔离区或为独立建筑物，应有出入控制。防护区应至少包括防护服更换间、缓冲间及核心工作间，人员应通过缓冲间进入核心工作间。直接从事高风险操作的工作间为核心工作间，不宜直接与其他公共区域相邻。实验室核心工作间如果安装传递窗，应具备对传递窗内物品进行消毒灭菌的条件，必要时，应设置具备送排风或自净化功能的传递窗，排风应经高效空气过滤器（high efficiency particulate air filter，HEPA）过滤后排出。

2. 围护结构

围护结构（包括墙体）应符合国家对该类建筑的抗震要求和防火要求。天花板、地板、墙间的交角应易清洁和消毒灭菌；实验室防护区内围护结构的所有缝隙和贯穿处的接缝都应可靠密封；实验室防护区内围护结构的内表面应光滑、耐腐蚀、防水，以易于清洁和消毒灭菌；实验室内所有的门应可自动关闭，门的开启方向不应妨碍逃生；实验室内所有窗户应为密闭窗，玻璃应耐撞击、防破碎。

3. 通风空调系统

应安装独立的实验室送排风系统，应确保在实验室运行时气流由低风险区向高风险区流动，同时确保实验室空气只能通过高效空气过滤器过滤后经专用的排风管道排出，不得循环使用实验室防护区排出的空气。高效空气过滤器的安装位置应尽可能靠近送风管道，送风管道在实验室内的送风口端，排风管道在实验室内的排风口端，应可以在原位对排风高效空气过滤器进行消毒灭菌和检漏；应在实验室送风和排风总管道的关键节点安装生物型密闭阀，必要时，可完全关闭。

生物安全柜需按产品的设计要求安装其排风管道，可以将排出的空气排入实验室的排风管道系统。

4. 供水与供气系统

应在实验室防护区内的实验间的靠近出口处设置非手动洗手设施，应在实验室的给水与市政给水系统之间设防回流装置；进出实验室的液体和气体管道系统应牢固、不渗漏、耐腐蚀，应在关键节点安装截止阀、防回流装置或高效空气过滤器等；如果有供气（液）罐等，应放在实验室防护区外易更换和维护的位置，安装牢固。

5. 污物处理及消毒灭菌系统

实验室防护区内设置生物安全型高压蒸汽灭菌器：需安装专用的双门高压灭菌器，与围护结构的连接之处应可靠密封；高压蒸汽灭菌器的安装位置不应影响生物安全柜等安全隔离装置的气流。

淋浴间或缓冲间的地面液体收集系统应有防液体回流的装置：实验室防护区的下水系统直接通向本实验室专用的消毒灭菌系统，与建筑物的下水系统完全隔离，并应对消毒灭菌效果进行监测，以确保达到排放要求。

实验室内安装紫外线消毒灯或其他适用的消毒灭菌装置：具备对实验室防护区及与其直接相通的管道进行消毒灭菌的条件；具备对实验室设备和安全隔离装置进行消毒灭菌的条件；实验室防护区内的关键部位配备便携的局部消毒灭菌装置（如消毒喷雾器等），并备有足够的适用消毒灭菌剂。

6. 电力供应系统

电力供应系统要满足实验室的所有用电要求，并应有冗余。生物安全柜、送风机和排风机、照明、自控系统、监视和报警系统等应配备不间断备用电源，并在安全的位置设置专用配电箱。

7. 自控、联锁与报警系统

实验室的门应有门禁系统，保证只有获得授权的人员才能进入实验室。在互锁门的附近设置紧急手动解除互锁开关，需要可立即解除实验室门的互锁。核心工作间的缓冲间入口处设置显示核心工作间工作状态的装置（如文字显示或指示灯）。设置限制进入核心工作间的联锁机制。

对可能造成实验室压力波动的设备和装置实行联锁控制，确保生物安全柜、负压排风柜（罩）等局部排风设备与实验室送排风系统之间的压力关系和必要的稳定性。

监视装置连续监测送排风系统高效空气过滤器的阻力；压力显示装置连续监测房间负压状况的压力；中央控制系统则可以全方位实时监控、记录和存储实验室防护区内有控制要求的参数、关键设施设备的运行状态，并对所有故障和控制指标进行报警；监视设备应对实验室的关键部位实时监视并录制实验室活动情况和实验室周围情况。

8. 实验室通信系统

实验室防护区内应设置向外部传输资料和数据的传真机或其他电子设备。监控室和实验室内应安装语音通信系统。

（四）BSL-4 级生物安全实验室

BSL-4 级生物安全实验室适用于个体和群体具有高度危害性，通过气溶胶途径传播或传播途径不明，或未知的、高度危险的致病因子，主要指目前尚无有效疫苗或治疗方法的致病性微生物或未知传播风险的有关病原体及其毒素。

BSL-4 级生物安全实验室的操作、安全设备和实验设施的设计和建设适用于进行非常危险的外源性生物因子或未知的高度危险的致病因子的操作，操作对象通常是危害等级Ⅳ或那些未知的且与危害等级Ⅳ的微生物具有相似特点的微生物。

BSL-4 级实验室的危险主要是通过黏膜或破损皮肤接触，通过呼吸道吸入的感染性气溶胶或传播途径不明，尚无有效的疫苗或治疗方法的致病微生物及其毒素。实验室人员通过Ⅲ级生物安全柜或Ⅱ级生物安全柜加正压服与感染性气溶胶完全隔离，并且实验室有复杂的特殊通风装置和废弃物处理系统。

一级屏障：Ⅲ级生物安全柜，正压防护服。

二级屏障：在Ⅲ级BSL的基础上，应为单独建筑或隔离的独立区域，有供气系统、排气系统、真空系统、消毒系统、外排空气二次高效空气过滤器过滤。

四级生物安全实验室的设施和设备除要达到三级生物安全实验室的要求外，还要满足：

（1）实验室应建造在独立的建筑物内或建筑物中独立的隔离区域内。应有严格限制进入实验室的门禁措施，应记录进入人员的个人资料、进出时间、授权活动区域等信息。

（2）对与实验室运行相关的关键区域也应有严格和可靠的安保措施，避免非授权进入。

（3）实验室的辅助工作区应至少包括监控室和清洁衣物更换间。

（4）实验室防护区的围护结构应尽量远离建筑外墙；实验室的防护区应包括防护走廊、内防护服更换间、淋浴间、外防护服更换间、化学淋浴间和核心工作间，化学淋浴间应为气锁，具备对专用防护服或传递物品的表面进行清洁和消毒灭菌的条件，具备使用生命支持供气系统的条件。

（5）实验室的核心工作间应尽可能设置在防护区的中部。应在实验室的核心工作间内配备生物安全型高压灭菌器（如配备双门高压灭菌器），其主体所在房间的室内气压应为负压，并应设在实验室防护区内易更换和维护的位置。

（6）实验室内生命支持系统应同时配备紧急支援气罐；生命支持供气系统应有自动启动的不间断备用电源供应；生命支持系统应具备必要的报警装置。

（7）实验室的排风应经过两级高效空气过滤器处理后排放，在原位对送风高效空气过滤器进行消毒灭菌和检漏。实验室防护区内所有需要运出实验室的物品或其包装的表面应经过消毒灭菌。化学淋浴消毒灭菌装置应在无电力供应的情况下仍可以使用，消毒灭菌剂储存器的容量应满足所有情况下对消毒灭菌剂使用量的需求。

BSL-4级生物安全实验室是生物安全顶级实验室，这不仅仅是指它在生物安全方面是顶级的，其造价、运营和维护也是最贵的。因此，BSL-4实验室目前在全球范围内数量较少。我国有武汉国家生物安全实验室、台湾医学院预防医学研究所、台湾昆阳实验室。我国还有1家ABSL-4级实验室（动物安全四级实验室），是哈尔滨国家动物疫病防控高级别生物安全实验室。

各级生物安全水平实验室应该按照国家要求的标准和规范进行设计和建造，给排水、通风、消毒和灭菌、布局等方面根据不同生物安全防护水平，选择不同的设计要求，满足不同等级的实验室和实验对象的防护要求。要以生物安全的建设为核心，确保实验室人员的安全以及实验室外部环境的安全，并同时兼顾经济和实用性原则。可参见表5-4。

表5-4 不同生物安全水平等级实验室对设施的要求

实验室设施	生物安全水平			
	一级	二级	三级	四级
实验室隔离[①]	不需要	不需要	需要	需要
房间能够密闭消毒	不需要	不需要	需要	需要
通风——向内的气流	不需要	最好有	需要	需要
通风——通过建筑系统的通风设备	不需要	最好有	需要	需要
通风——高效空气过滤器过滤排风	不需要	不需要	需要/不需要[②]	需要
双门入口	不需要	不需要	需要	需要

续表

实验室设施	生物安全水平			
	一级	二级	三级	四级
气锁	不需要	不需要	不需要	需要
带淋浴设施的气锁	不需要	不需要	不需要	需要
通过间	不需要	不需要	需要	—
带淋浴设施的通过间	不需要	不需要	需要/不需要③	不需要
污水处理	不需要	不需要	需要/不需要③	需要
高压灭菌器				
现场	不需要	最好有	需要	需要
实验室内	不需要	不需要	最好有	需要
双门	不需要	不需要	最好有	需要
生物安全柜	不需要	最好有	需要	需要
人员安全监控条件④	不需要	不需要	最好有	需要

① 在环境和功能上与普通流动环境隔离。

② 取决于排风位置。

③ 取决于实验室中所使用的微生物因子。

④ 例如：观察窗、闭路电视、双向通信设备。

第二节　实验室生物安全控制

一、实验室生物仪器设备安全控制

实验室生物安全的目的是减少实验室人员暴露于感染性物质的机会，避免感染性事件的发生和防止实验室废弃物对公众产生危害。实验室生物安全相关设备与仪器的安全使用，可以有效降低实验室危险事件发生的概率。

选择设备时应符合以下基本原则：

（1）设备设计上应能阻止或限制操作人员与感染性物质间的接触。

（2）设备材料应防水、耐腐蚀并符合结构要求。

（3）设备装配后应无毛刺、锐角以及易松动的部件。

（4）设备的设计、建造与安装应便于操作、易于维护、清洁、清除污染和进行质量检验。应尽量避免使用玻璃及其他易碎的物品，最好使用塑料制品。

（一）生物安全柜

生物安全柜（biological safety cabinet，BSC）是为操作具有感染性的实验材料时，用来保护操作者本人、实验室环境及实验材料，使其避免暴露于操作过程中可能产生的感染性气溶胶和溅出物而设计的负压排气柜。

工作原理主要是：将柜内空气向外抽吸，使柜内保持负压状态，通过垂直气流来保护工作人员；外界空气经高效空气过滤器过滤后进入安全柜内，以避免处理样品被污染；柜内的空气经过高效空气过滤器过滤后再排放到大气中，以保护环境。

1. 生物安全柜分类

（1）Ⅰ级生物安全柜

指用于保护操作人员与环境安全而不保护样品安全的通风安全柜。适用于对处理样品安全性无要求的操作，不适合微生物的无菌操作。

（2）Ⅱ级生物安全柜

指用于保护操作人员、处理样品安全与环境安全的通风安全柜，柜内保持负压状态，适用于生物危险度等级为Ⅰ、Ⅱ、Ⅲ的样品操作。按照美国 NSF49 标准，一般将Ⅱ级生物安全柜划分为 A1、A2、B1、B2 四个类型。

（3）Ⅲ级生物安全柜

更高级别的生物防护的生物安全柜。Ⅲ级生物安全柜适合于严禁与操作者相接触的样品的操作。主要是处理高浓度或大容量感染性样品，适合于生物危害度等级为Ⅰ、Ⅱ、Ⅲ、Ⅳ级防护。

2. 安全操作要点

（1）操作前应打开紫外灯，照射 30min，然后将本次操作所需的全部物品移入安全柜，避免双臂频繁穿过气幕破坏气流；并且在移入前用 75%酒精擦拭物品表面消毒，以去除污染。

（2）使用前打开风机 10min，待柜内空气净化且气流稳定后再进行实验操作。将双臂缓缓伸入安全柜内，至少静止 2min，使柜内气流稳定后再进行操作。

（3）生物安全柜内不放与本次实验无关的物品。物品应尽量靠后放置，不得挡住气道口，以免干扰气流正常流动。

（4）操作时应避免交叉污染。为防止可能溅出的液滴，应准备好 75%的酒精棉球或用消毒剂浸泡的小块纱布，避免用物品覆盖住安全柜的格栅。

（5）在实验操作时，不可完全打开玻璃视窗，应保证操作人员的脸部在工作窗口之上。在柜内操作时动作应轻柔、舒缓，防止影响柜内气流。

（6）在工作台面上的操作应按照从清洁区到污染区的方向进行。

（7）在生物安全柜内所形成的几乎没有微生物的环境中，应避免使用明火，可使用电热式接种环灭菌器，最好使用一次性无菌接种环。

（8）实验完成后，关闭玻璃视窗，保持风机继续运转 10min，同时打开紫外灯，照射 30min。

（9）柜内使用的物品应在消毒缸消毒后再取出，以防止将标准菌株残留带出而污染环境，造成生物危害。

（10）安全柜应定期进行清洁消毒，可用 75%酒精或 0.2%新洁尔灭溶液擦拭工作台面及柜体外表面；每次检验工作完成后应全面消毒。

（11）安全柜应定期进行检测与保养，以保证其正常工作。工作中一旦发现安全柜工作异常，应立即停止工作，采取相应处理措施，并通知相关部门领导。

（二）离心机

离心机是最常用的实验室仪器，最易导致实验室污染。掌握正确的离心机使用技术十分重要。

安全操作要点：

（1）应严格按照操作手册来操作离心机，以防止感染性气溶胶和可扩散粒子的产生。

（2）离心管和盛放离心标本的容器应当由厚壁玻璃制成，或最好为塑料制品，并且在使用前应检查是否破损。

（3）用于离心的试管和标本容器应当始终牢固盖紧（最好使用螺旋盖）。

（4）离心桶的装载、平衡、密封和打开必须在生物安全柜内进行。

（5）离心机放置的高度应当使小个子工作人员也能够看到离心机内部，以正确放置十字轴和离心桶。

（6）当使用固定角离心转子时，必须小心不能将离心管装得过满，否则会导致漏液。

（7）应当检查离心机内转子部位的腔壁是否被污染或弄脏。如污染明显，应重新无菌操作。

（8）对于生物危害Ⅲ级和Ⅳ级的微生物，必须使用可封口的离心桶（安全杯）。

（9）每次使用后，要清除离心桶、转子和离心机腔的污染物。

（三）移液管、移液器

安全操作要点：

（1）移液应使用移液设备，严禁用口吸取。

（2）所有移液管应带有棉塞以减少移液器具的污染。

（3）不能向含有感染性物质的溶液中吹入气体。

（4）感染性物质不能使用移液管反复吹吸混合。

（5）不能将液体从移液管内用力吹出。

（6）污染的移液管应该完全浸泡在盛有适当消毒液的防碎容器中。移液管应当在消毒剂中浸泡适当时间后再进行处理。

（7）盛放废弃移液管的容器不能放在外面，应当放在生物安全柜内。

（8）有固定皮下注射针头的注射器不能用于移液。

（9）为了避免感染性物质从移液管中滴出而扩散，在工作台面上应当放置一块浸有消毒液的布或吸有消毒液的纸，使用后将其按感染性废弃物处理。

（四）高压灭菌器和灭菌消毒设备

安全操作要点：

（1）应由受过良好培训的人员负责高压灭菌器的操作和日常维护。

（2）由有资格人员定期检查灭菌器柜腔、门的密封性以及所有的仪表和控制器。

（3）所有要高压灭菌的物品都应放在空气能够排出并具有良好热渗透性的容器中；灭菌器柜腔装载要松散，以便蒸汽可以均匀作用于装载物。

（4）当灭菌器内部加压时，互锁安全装置可以防止门被打开，而没有互锁装置的高压灭菌器应当关闭主蒸汽阀并待温度下降到80℃以下时再打开门。

（5）当高压灭菌液体时，由于取出时液体可能因过热而沸腾，故应采用慢排式设置。

（6）即使温度下降到80℃以下，操作者打开门时也应当戴适当的手套和面罩来进行防护。

（7）在进行高压灭菌效果的常规监测时，生物指示剂或热电偶计应置于每件高压灭菌物品的中心。最好在“最大”装载时用热偶计和记录仪进行定时监测，以确定灭菌程序是否恰当。

（8）灭菌器的排水过滤器（如果有）应当每天拆下清洗。

（9）应当注意保证高压灭菌器的安全阀没有被高压灭菌物品堵塞。

（五）冰箱与冰柜

安全操作要点：

（1）冰箱、低温冰箱和干冰柜应当定期除霜和清洁，应清理出所有在储存过程中破碎的安瓿和试管等物品。清理时应戴厚橡胶手套并进行面部防护，清理后要对内表面进行消毒。冰箱内物品放置应规范。

（2）储存在冰箱内的所有容器应当清楚地标明内装物品的科学名称、储存日期和储存者的姓名。未标明的或废旧物品应当高压灭菌并丢弃。

（3）应当保存一份冻存物品的清单。

（4）除非有防爆措施，否则冰箱内不能放置易燃溶液。冰箱门上应注明这一点。

（六）自动化仪器

超声处理器、涡旋混合器等安全操作要点：

（1）为了避免液滴和气溶胶的扩散，这些仪器应采用封闭型的。

（2）若有感染性物质的气溶胶可能逸出时，应戴手套并用吸收性材料罩住，在生物安全柜中操作。

（3）在使用匀浆器、摇床和超声处理器时，容器内会产生压力，含有感染性物质的气溶胶就可能从盖子和容器间隙逸出。由于玻璃可能破碎而释放感染性物质并伤害操作者，建议使用塑料容器，尤其是聚四氟乙烯（PTFE）容器。

（4）排出物应当收集在封闭的容器内进一步高压灭菌和/或废弃。

（5）在每一步完成后应根据操作指南对仪器进行消毒。

（七）接种环

使用封闭式微型电加热器消毒接种环，能够避免在酒精灯的明火上加热所引起的感染性物质爆溅。最好使用不需要进行消毒的一次性接种环。

其他一些仪器设备安全操作详见表 5-5。

表 5-5　生物实验室一些设备的安全特征

设备	避免的危害	安全性特征
用于收集并运送感染性物质进行灭菌的防漏容器	产生气溶胶、溢出和泄漏	有罩或盖子的防漏结构 耐用、耐高压灭菌
盛放锐器的一次性容器	意外刺伤	耐高压灭菌 坚固，不易刺破
实验室和单位间运送物品的容器	微生物泄漏	坚固 能盛放溢出物的防水性一级和二级容器 用于吸收溢出物的材料
螺口盖的瓶子	产生气溶胶和泄漏	有效的防护
真空管道保护装置	气溶胶和溢出液体对实验室真空系统的污染	可以阻止气溶胶通过的滤筒式过滤器（颗粒大小 0.45μm）； 装有适当消毒剂的防溢烧瓶；在储存瓶盛满时橡皮球阀可自动关闭真空系统； 整个系统耐高压灭菌

二、实验室生物安全防护装备

个人防护装备（Personal protective equipment，PPE）是指用于防止工作人员受到物理、化学及生物等有害因子伤害的器材和用品。在操作感染性材料时采取科学合理的个人防护对避免实验室相关感染非常必要和有效，因为感染性材料实验室操作难免溢洒，发生身体暴露；任何物理防护设备的保护功能都有一定限度，都不是绝对的；实验室生物安全防护是一项受制于多环节多因素的系统工程，在长期的运转中难免有意外发生，此时个人防护就是保障安全的关键。

防护部位包括眼睛、头面部、躯体、手、足、耳（听力）、呼吸道。

防护装备包括眼镜（安全镜、护目镜）、口罩、面罩、防毒面具、帽子、防护衣（实验服、隔离衣、连体衣、围裙）、手套、鞋套、听力保护器。

生物实验室个人防护装备及安全特征见表 5-6。

表 5-6 生物实验室个人防护装备及安全特征

装备	避免的危害	安全性特征
实验服、隔离衣、连体衣	污染衣服	背面开口 罩在日常服装外
塑料围裙	污染衣服	防水
鞋袜、鞋套	碰撞和喷溅	不露脚趾
护目镜	碰撞和喷溅	防碰撞镜片(必须有视力矫正或外戴视力矫正眼镜) 侧面有护罩
安全眼镜	碰撞	防碰撞镜片(必须有视力矫正) 侧面有护罩
面罩	碰撞和喷溅	罩住整个面部 发生意外时易于取下
防毒面具	吸入气溶胶	在设计上包括一次性使用的、整个面部或一半面部空气净化的、整个面部或加罩的动力空气净化的以及供气的防毒面具
手套	直接接触微生物划破	得到微生物学认可的一次性乳胶、乙烯树脂或聚腈类材料 保护手 网孔结构

按实验室生物安全防护等级的要求使用相应的防护用品和设备。

（一）手部防护

（1）在 BSL-1 防护实验室中进行实验时宜戴手套。

（2）在 BSL-2 防护实验室中进行实验时应戴手套，在核心区操作时应考虑手套的牢固性，戴乳胶手套。在生物安全柜中操作时宜戴两层手套，操作高致病性危险生物因子样本时才必须戴两层手套。

（3）进入 BSL-3 防护实验室，不论是否进行实验，均应戴两层手套。

（4）不得戴着污染手套触摸不必要或不应触及的物品，如不慎触及，应考虑可能造成的后果并立即消除污染。

（5）离开实验室时，应脱下手套，洗手后才能离去。

（6）手套的数量、材料和使用方式应满足生物安全防护的要求，特别强调实验过程、进出实验室接电话或传递物品对手部的影响。

（二）身体防护

（1）进入 BSL-1 防护实验室宜穿工作服。

（2）进入 BSL-2 防护实验室应使用专用的工作服。工作服的材料、款式应满足生物安全防护的要求，原则上 BSL-2 防护实验室应穿长袖工作服、长裤。禁止穿着工作服离开实验区。

（3）进入 BSL-3 防护实验室必须使用专用的防护衣和防护裤，并加穿具有防水功能的连体防护服。必要时可使用围裙或防水围裙提高防护效果。

（4）使用过或污染的工作服或防护衣的存放、消毒、洗涤、重新使用应符合规定。

（三）面部防护

应根据实验需要选择使用护眼罩、面具、呼吸器等面部防护用品，以满足生物安全的需要。

（四）足部防护

（1）进入 BSL-2 防护实验室应穿不露脚趾的工作鞋或套上鞋套。

（2）进入 BSL-3 防护实验室必须套两层鞋套，或穿专用工作鞋后再套上鞋套。工作鞋和鞋套的材料和质量应满足生物安全的需求。

防护用品储备的种类、数量和质量应根据实验室最高负荷和最广的业务范围确定，以防止供应的脱节。每次使用前，应检查防护用品的保质期和安全性。使用后应及时消毒、清洁或按规定包装、灭菌和处置。

三、高校生物实验室安全管理

针对实验室内已知的和潜在的危害，制订特殊的实验室安全规范程序来避免或尽量减小这种危害。专门的实验设施、设备是实验室安全的保障，实验室安全规范程序则是实验室安全的基础。

BSL-3、BSL-4 级实验室主要用于操作高致病性病原微生物。高致病性病原微生物实验室的管理和技术国内国际均有相关指导手册和规章制度，我国目前也已出台多个相关法律法规及配套行业标准。但实际情况是，我国 BSL-3 级的实验室有 41 个，属于卫生部门的约 30 个，而属于高校系统仅有不到 10 个。我国高校、科研单位现有的实验室绝大多数为生物安全 BSL-1 级和 BSL-2 级，可以说，高校实验室的生物安全管理工作所面对的主要是针对 BSL-1 级和 BSL-2 级的实验室的管理。

（一）生物实验室进入规定

（1）在处理危害程度Ⅱ级或更高危险度级别的微生物时，在实验室门上应标有国际通用的生物危害警告标志，包括通用的生物危险性标志，标明传染因子、实验室负责人或其他人员姓名、电话以及进入实验室的特殊要求。

（2）只有经批准的人员方可进入实验室工作区域。

（3）实验室的门应保持关闭。

（4）儿童不应被批准或允许进入实验室工作区域。

（5）进入动物房应当经过特别批准，与实验室工作无关的动物不得带入实验室。

（二）生物实验室人员防护规定

（1）在实验室工作时，任何时候都必须穿着连体衣、隔离服或工作服。

（2）在进行可能直接或意外接触到血液、体液以及其他具有潜在感染性的材料或感染性动物的操作时，应戴上合适的手套。手套用完后，应先消毒再摘除，随后必须洗手。

（3）在处理完感染性实验材料和动物后，以及在离开实验室工作区域前，都必须洗手。

（4）为了防止眼睛或面部受到泼溅物、碰撞物或人工紫外线辐射的伤害，必须戴安全眼镜、面罩（面具）或其他防护设备。

（5）严禁穿着实验室防护服离开实验室，如去餐厅、咖啡厅、办公室、图书馆、员工休息室和卫生间。

（6）不得在实验室内穿露脚趾的鞋子。

（7）禁止在实验室工作区域进食、饮水、吸烟、化妆和处理隐形眼镜。

（8）禁止在实验室工作区域储存食品和饮料。

（9）在实验室内用过的防护服不得和日常服装放在同一柜子内。

（三）生物实验室操作规定

（1）严禁用口吸移液管。

（2）严禁将实验材料置于口内。严禁舔标签。

（3）所有的技术操作要按尽量减少气溶胶和微小液滴形成的方式来进行。

（4）应限制使用皮下注射针头和注射器。除了进行肠道外注射或抽取实验动物体液，皮下注射针头和注射器不能用于替代移液管或用作其他用途。

（5）出现溢出、事故以及明显或可能暴露于感染性物质时，必须向实验室主管报告。实验室应保存这些事件或事故的书面报告。

（6）必须制订关于如何处理溢出物的书面操作程序，并予以遵守执行。

（7）污染的液体在排放到生活污水管道以前必须清除污染（采用化学或物理学方法）。根据所处理的微生物因子的危险度评估结果，可能需要准备污水处理系统。

（8）需要带出实验室的手写文件必须保证在实验室内没有受到污染。

（9）实验室菌种的安全要求：菌株的生物危害程度应与保藏实验室生物防护水平相适应，实验室的装备和管理应符合《病原微生物实验室生物安全管理条例》和《实验室—生物安全通用要求》（GB 19489—2008）。实验室应制订菌种使用、保藏管理制度和标准化操作规程，应涵盖菌种申购、保管、使用、传代、存储等诸方面。

（10）发生具有潜在危害性的材料溢出以及在每天工作结束之后，都必须清除工作台面的污染。

（11）实验室应保持清洁整齐，严禁摆放和实验无关的物品。

（12）所有受到污染的材料、标本和培养物在废弃或清洁再利用之前，必须清除污染。

（四）生物实验室废物处理规定

1. 生物废弃物处理原则

所有感染性材料必须在实验室内清除污染、高压灭菌或焚烧。用以处理潜在感染性微生物或动物组织的所有的实验室物品，在被丢弃前应考虑的主要问题有：

（1）是否已采取规定程序对这些物品进行了有效清除污染或消毒？

（2）如果没有，它们是否以规定的方式包裹，以便就地焚烧或运送到其他有焚烧设施的地方进行处理？

（3）丢弃已清除污染的物品时，是否会对直接参与丢弃的人员，或在设施外可能接触到丢弃物的人员造成任何潜在的生物学或其他方面的危害？

2. 生物废弃物分类

感染性物质及其包装物需要进行鉴别并分别进行处理，相关工作要遵守国家和国际规定。废弃物可以分成以下几类：

（1）可重复或再使用，或按普通废弃物丢弃的非污染（非感染性）废弃物。

（2）污染（感染性）锐器——皮下注射用针头、手术刀、刀子及破碎玻璃，这些废弃物应收集在带盖的不易刺破的容器内，并按感染性物质处理。

（3）通过高压灭菌和清洗来清除污染后重复或再使用的污染材料。

（4）高压灭菌后丢弃的污染材料。

（5）直接焚烧的污染材料。

3. 废弃物的处理和丢弃程序

（1）锐器

皮下注射针头等锐器用过后不应再重复使用，应将其完整地置于盛放锐器的一次性收集容器中，盛放锐器的一次性收集容器必须是不易刺破的。收集容器不能装得过满，当达到容量的 3/4 时，应将其放入“感染性废弃物”的容器中进行焚烧，如果实验室规程需要，可以先进行高压灭菌处理。盛放锐器的一次性容器绝对不能丢弃于垃圾场。

（2）高压灭菌后重复使用的污染（有潜在感染性）材料

任何高压灭菌后重复使用的污染（有潜在感染性）材料不应事先清洗，任何必要的清洗、修复必须在高压灭菌或消毒后进行。

（3）废弃的污染（有潜在感染性）材料

除了锐器按上面的方法进行处理以外，所有其他有潜在感染性材料在丢弃前应放置在防渗漏的容器（如有颜色标记的可高压灭菌塑料袋）中高压灭菌。高压灭菌后，物品可以放在运输容器中运送至焚烧炉。注意即使经过高压灭菌后废弃物也不应丢弃到生活垃圾场。可重复使用的运输容器应是防渗漏的，有密闭的盖子。这些容器在送回实验室再次使用前，应进行消毒清洁。

每个工作台上放置盛放废弃物的容器、盘子或广口瓶，最好是不易破碎的容器（如塑料制品）。

当使用消毒剂时，保证废弃物与消毒剂充分接触（即不能有气泡阻隔），并根据所使用消毒剂的不同保持适当接触时间。盛放废弃物的容器在重新使用前应高压灭菌并清洗。

（五）生物实验室管理规定

（1）实验室主任（对实验室直接负责的人员）负责制订生物安全管理计划以及安全或操作手册。

（2）实验室负责人（向实验室主任汇报的人员）应当保证提供常规的实验室安全培训。

培训由实验室负责人组织，熟悉实验室工作和操作规范的人员担任辅导。培训内容包括：

① 实验室生物安全管理规定、自身防护的规定及相关的其他规定；

② 实验室各项仪器装备的使用方法；

③ 正确的个人防护装备使用方法；

④ 微生物学操作基本技术及无菌操作方法；

⑤ 实验室清洁及消毒方法；

⑥ 事故应急处理方法；

⑦ 国内外新技术、新方法等的不定期培训。

（3）要将生物安全实验室的特殊危害告知实验室人员，同时要求他们阅读生物安全或操作手册，并遵循标准的操作和规程。实验室主管应当确保所有实验室人员都了解这些要求。实验室内应备有可供取阅的安全或操作手册。

（4）应当制订节肢动物和啮齿动物的控制方案。

（5）如有必要，应为所有实验室人员提供适宜的医学评估、监测和治疗，并应妥善保存相应的医学记录。

（六）生物实验室健康和医学监测规定

实验室主管部门有责任通过实验室主任来确保实验室全体工作人员接受适当的健康监测，监测的目的是监控职业获得性疾病。为达到这些目的，应进行如下工作：根据需要提供主动或被动免疫（工作人员的免疫接种）；实验室感染的早期检测；应禁止高度易感人群（如孕妇或免疫损伤人员）在高危险实验室中工作。

1. BSL-1级实验室

在一级生物安全水平操作的微生物不太可能引起人类疾病或兽医学意义的动物疾病。但理想的做法是，所有实验室工作人员应进行上岗前的体检，并记录其病史。

2. BSL-2级实验室

（1）必须有录用前或上岗前的体检。记录个人病史，并进行一次有目的的职业健康评估。

（2）实验室管理人员要保存工作人员的疾病和缺勤记录。

（3）育龄期妇女应知道某些微生物（如风疹病毒）的职业暴露对未出生孩子的危害。保护胎儿的正确措施因妇女可能接触的微生物而异。

从对实验室工作者健康与安全负责的精神出发，加强实验室生物安全的管理，保证实验室相关人员的健康，保证公众健康和社会稳定，及时有效地预防、控制和消除发生在实验室内的生物安全事故造成的危害。

四、生物意外事故处置措施

为了保证在实验室发生生物安全事件时做到应急准备充分，反应机制灵敏，从而遏制生物安全事件危害的进一步扩大，应制订有效的应急处置措施。生物安全事故处置措施制订之前要考虑的问题包括：意外感染微生物的鉴定；处于危险泄漏区域的地点，如实验室、储藏室和动物房；明确处于危险状态的个体和人群；列出能接受暴露或感染人员进行转移、治疗和隔离的地点；针对性列出免疫血清、疫苗、药品等；应急装备的供应，如防护服、消毒剂、化学和生物学的溢出处理盒、清除污染的器材物品；明确管理单位责任人员及各自的责任任务。

（一）意外事故处置基本方案

（1）要立即通知房间内的无关人员迅速离开，在撤离房间的过程中注意防护气溶胶。关门并张贴“禁止进入”“溢洒处理”的警告标识，撤离人员脱去个体防护装备，用适当的消毒剂和水清洗暴露皮肤并立即通知实验室安全员。至少 30min 后准备好清理工具和物品，穿着适当的个体防护装备（鞋、防护服、口罩、双层手套、护目镜等）后进入实验室。

（2）处理溢洒物时需要两人共同处理，且用专用吸收材料。

（3）消毒剂需自外围向中心倾倒，使消毒剂与溢洒物混合并作用 30～60min，并反复用新的吸收材料将剩余物质吸净。吸收材料连同溢洒物用镊子小心地收集到专用的收集袋或容器中。

（4）破碎的玻璃或其他锐器要用镊子或钳子处理，并将它们置于可防刺透的容器（利器盒）中。

（5）处理的溢洒物以及处理工具（包括收集锐器的镊子等）全部置于专用的收集袋或容器内封好。

（6）用消毒剂喷洒或擦拭可能被污染的区域，包括手套和防护服前部。

（7）脱去个体防护装备，将暴露部位向内折，置于专用的收集袋或容器中封好，洗手。所有处理用具及废物送去高压灭菌。

（二）意外事故处置物质保障

（1）对感染性物质有效的消毒液：消毒液需要按使用要求定期配制。

（2）镊子或钳子。

（3）耐高压的扫帚和簸箕，或其他处理锐器的机械装置。

（4）足量的纸巾或适宜的专业吸附材料。

（5）用于盛放感染性溢出物以及清理物品的生物危害袋。

（6）专业防护手套。

（7）面部防护装备，如面罩、护目镜、一次性口罩等。

（8）溢洒处理警示标识，如“禁止进入”“生物危险”。

（三）常见意外事故处置措施

1. 手套的损坏、污染

（1）手套被污染时应立即用消毒剂喷洒手套。

（2）脱下手套，放入黄色垃圾袋内，待消毒。脱手套的方法为：a.用一手捏起另一只手套近手腕处的外缘；b.将手套从手上脱下并将手套外表面翻转入内；c.用戴着手套的手拿住该手套；d.用脱去手套的手指插入另一手套腕部内面；e.脱下该手套使其内面向外并形成一个由两个手套组成的袋状；f.丢弃在高温消毒袋中待消毒处理；g.更换新手套继续实验。注意：以上操作要远离面部。具体如图5-1所示。

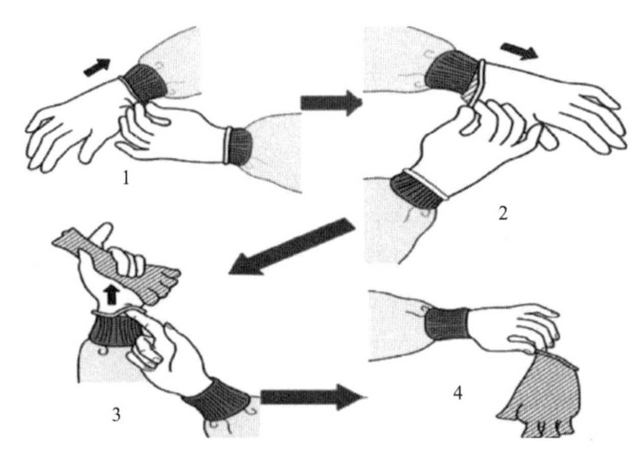

图5-1 污染手套安全脱下示意图

2.衣物污染

（1）尽快脱掉最外层防护服，并注意防止感染性物质进一步扩散。

（2）将已污染的防护服放入黄色垃圾袋内，待高压灭菌。

（3）脱掉手套，到污染区出口处洗手。

（4）更换防护服和手套。

（5）必要时对发生污染及脱防护服的地方进行消毒处理（如果内衣被污染，应立即脱掉已污染的衣物，消毒处理）。

3.感染性物质溅洒污染皮肤及黏膜

（1）感染性物质外溢到皮肤，应立即停止工作，脱掉手套，用75%的酒精进行皮肤消毒，再用大量水冲洗。

手部清洗消毒的方法：推荐使用肘动式或自动式洗手开关，用流动水冲洗手部多次，然后将液体皂滴在手上，反复搓手，再用水彻底冲洗（动作轻揉，水不要开太大），清洗完毕，用干净的纸巾或毛巾擦干，可以用75%的酒精擦手来清除双手的轻度污染，在没有洗手池的地点，可以使用含酒精的“免洗”手部清洁产品替代。

（2）感染性液体溅入眼睛，应立即停止工作，脱掉手套，迅速到缓冲区用洗眼器冲洗，再用生理盐水冲洗（注意动作轻柔，勿损伤眼睛）。

洗眼器的使用方法为：取下洗眼器罩，受感染者的眼睛部位摆放到冲眼器花洒正上方，将洗眼器开关打开，洗眼器花洒即有清水喷出。

以上两种情况都应做适当的预防治疗和医学观察，并报告实验室安全员进行事故记录。

4.意外吸入感染性物质的处置

（1）立即停止相关实验操作，脱下外层被病原微生物污染的手套，退到安全区域，脱下口罩。

（2）用3%过氧化氢溶液或0.1%高锰酸钾溶液消毒口鼻腔。

（3）重新戴上新的口罩和手套，重新进入操作区将感染性材料和实验台进行必要的消毒和妥善处置。

（4）按规定程序退出实验室。

（5）立即服用针对所操作的病原微生物有效的抗毒制剂或抗菌药物。

（6）尽快将误吸者送往指定医疗单位进行救治和隔离观察。

（7）对吸入的感染性物质进行进一步的鉴定与报告。

（8）记录事件发生的细节及处置过程，保留完整的记录。

5. 刺伤、切割伤或擦伤应急处理

保持镇静，立即停止实验，脱掉手套，用清水和肥皂水清洗伤口，尽量挤出伤口处的血液，取出急救箱，用碘酒或75%的酒精擦洗伤口，适当地包扎。及时就医，告知医生受伤原因及可能的微生物污染，必要时要进行医学处理。

6. 潜在危害性气溶胶的释放

操作中生物安全柜突然停机或转为正压，大量感染性物质逸出、溅洒，非封闭离心桶的离心机内带有感染性物质的离心管发生破裂都有可能造成气溶胶的释放。此时所有人员必须立即撤离相关区域，报告实验室安全员，在1h内任何人不得进入事发实验室，以使气溶胶排出和重粒子沉降；无中央通风系统则应推迟进入（如24h），贴出标识以示禁止入内，过后由专业人员指导清除污染，如甲醛蒸气熏蒸，操作时注意防护，暴露人员应进行医学观察，必要时及时就医。

（1）生物安全柜内溢洒

① 当溢洒的量不足1mL时，可直接用消毒剂浸湿的纸巾（或其他材料）擦拭。使用消毒剂时，要从溢出区域的外围开始，向中心进行处理。

② 当生物安全柜内大量溢出时，需要：a. 使生物安全柜保持开启状态；b. 在溢洒物上从外围向中心覆盖浸有消毒剂的吸收材料，作用一定时间以发挥消毒作用（必要时，用消毒剂浸泡工作表面以及排水沟和接液槽）；c. 消毒后脱下手套，如果防护服已被污染，脱掉污染的防护服后，洗手；d. 穿好新的防护装备，如手套、防护服、护目镜等；e. 小心将吸收了溢洒物的吸收材料和溢洒物收集到专用的收集袋或容器中，并反复用新的吸收材料将剩余物质吸净；f. 破碎的玻璃或其他锐器要用镊子或钳子处理；g. 用消毒剂擦拭或喷洒安全柜内壁、工作表面以及前视窗的内侧，作用一定时间后，用洁净水擦去消毒剂；h. 必要时，使用甲醛熏蒸。

注意：生物安全柜内发生溢洒时，处理溢洒物不要将头伸入安全柜内，也不要将脸直接面对前操作口，而应处于前视面板的后方。选择消毒剂时需要考虑消毒剂对生物安全柜的腐蚀性（使用含氯制剂后再用清水擦拭）。

（2）离心机内溢洒

① 非封闭离心桶的离心机内带有感染性物质的离心管发生破裂。离心机正在运行时离心管发生破裂或怀疑发生破裂，应关闭电源，密闭30min使气溶胶沉降。离心机停止后发现离心管破裂，应立即盖上盖子密闭30min。而后戴结实的手套（如厚橡胶手套）及口罩（避免吸入气溶胶），必要时可在外面戴一次性手套。使用镊子清理玻璃碎片，或用镊子夹着的棉花来清理。破碎的离心管及离心桶、转轴和转子都应放在无腐蚀性的、对相关微生物具

有杀灭作用的消毒剂内浸泡 60min 以上。

未破损的带盖离心管应放在另一个有消毒剂的容器中适当浸泡，或用消毒剂彻底擦拭后回收。离心机内腔应用适当浓度的同种消毒剂擦拭（使用含氯消毒剂后，应再用清水擦拭，并干燥）。

清理时所使用的全部材料都应按感染性废弃物处理。最后向实验室安全员报告，进行事故记录。

② 可封闭的离心桶（安全杯）内离心管发生破裂。如果怀疑封闭的离心桶内有管子破裂，应在生物安全柜内打开离心桶盖子查看。确有破裂时，松开离心桶（安全杯）盖子，但不要打开，放入黄色垃圾袋，直接高压灭菌；或者采用化学消毒法，将离心桶及内容物放到对该种微生物有效的无腐蚀性消毒剂里浸泡 60min 以上。离心杯在使用消毒剂浸泡后，应再用清水洗净后干燥。最后向实验室安全员报告，进行事故记录。

若实验操作者或其所在实验室的工作人员出现与被操作病原微生物导致的疾病类似的症状，则应被视为可能发生实验室感染，应及时到指定医院就诊，并如实说明工作性质和发病情况。在就诊过程中，应采取必要的隔离防护措施，以免疾病传播。

第三节 生物实验室风险评估

生物安全实验室是用于科研、临床、生产中开展有关病原微生物相关研究工作的场所，所操作的病原微生物可能会引起暴露性感染，产生严重后果。开展生物安全实验室风险评估，并根据风险评估结果落实相应的风险控制措施，是保证生物实验室安全的核心工作之一。风险评估包括风险识别、风险分析和风险评价，而生物风险识别要素包括：①病原微生物特征；②病原微生物相关实验活动；③实验活动人员；④实验活动的设施、设备和环境。

一、生物实验室风险识别

（一）病原微生物的风险识别

（1）生物学特性：病原微生物起源、基因组及编码、产物形态特征、培养特性、细菌或病毒属别和型别内容或技术鉴定。

（2）致病性：临床症状、潜伏期、感染剂量、入侵部位、宿主类型、毒素等。

（3）感染传播途径：传播方式包括呼吸道传播、通过水和食物等消化道传播、接触传播、血液传播、母婴垂直传播、媒介传播等；传播结果包括一种病原可有多种传播途径和多种病原可以引起相同的症状。

（4）稳定性：是指其在外界环境的存活能力（不同的微生物的稳定性不同），及其对物理因素与化学消毒剂的敏感性。

（5）致病性和感染剂量：高致病性病原微生物低感染剂量就可导致发病，同一微生物感染数量越大，其暴露的潜在后果也越严重。病原微生物对感染个体的致病性与被感染者的体质、免疫状态以及对该病原微生物的易感性有关。

（6）有效的预防和治疗措施：有效的药物、有效的疫苗、有效的疾病监测手段、有效的预防控制措施手段。

（二）病原微生物实验活动的风险识别

病原微生物实验活动是指实验室从事与病原微生物有关的研究、教学培训、检测等活动。

（1）因实验操作而造成非自然途径感染的机会很多，包括：标本或样品处理、离心、匀浆、超声、移液器操作、锐器的使用、生物安全柜使用、医疗废物消毒或高压灭菌处理等。

（2）感染性废弃物的清除污染和处理风险影响因素：化学消毒剂选择、配制和使用；物理消毒设备的使用和维护；各种实验废弃物分类处理，尤其是锐器处理。

（三）实验室仪器设备的风险识别

实验室仪器设备的风险评估应从以下各方面进行：

（1）生物安全实验室相应等级的设施情况。

（2）仪器设备使用、维护之前，清除污染工作情况。

（3）生物安全柜、高压灭菌器、离心机、检测仪器等及其配件管理、维护、校准和检验情况。

（4）实验室安全等级相应的应急设施匹配情况。

（四）实验室环境的风险识别

（1）实验室安全控制程序（包括准入制度、安全培训等）的完善程度。

（2）实验室是否是清洁、有序和卫生的状态。

（3）实验室布局安全、合理的状况。

（4）实验室供电系统、通风系统、警示系统等安全情况。

（5）实验室个人防护装置设计的规范情况：

① 在操作危险仪器设备时，防护装置情况如何？例如在高压灭菌器卸载物品时是否戴隔热手套。

② 根据实验室防护水平等级配置应急喷淋装置情况。

③ 防毒面具配备情况及定期维护情况，如：清洁、清除污染、过滤器储存情况等。

（五）实验活动人员的风险识别

（1）健康状况和健康历史、耐药和过敏及专项医疗检查。

（2）人员资质和心理素质。

（3）应急急救的知识。

（4）生物安全及微生物学专业知识。

二、生物实验室风险分析与评估

首先可以针对实验室多重危险因素进行风险识别，然后对识别出的风险因素进行专业分析，因此风险分析应当由那些对所涉及的微生物特性、设备和规程、动物模型以及防护设备和设施最为熟悉的人员来进行，再借助许多适合风险评估的技术方法来对某一个特定的操作程序或实验或实验室进行风险评价。但生物安全风险严重程度的界定和判断，则需要适用于生物安全实验室且易于操作的风险评估技术来具体、量化、客观地评价实验室生物安全工作的状况。量化的风险评估研究非常重要，且存在一定难度。

《风险管理 风险评估技术》（GB/T 27921—2011）对风险评估技术方法进行了详述，概括起来可分为3类：定性的、定量的、定性与定量相结合的风险评估技术。定性的风险评估技术以不希望事件（系统危险因素）发生的概率和发生后果的严重性来表示风险的大小；定量的风险评估技术通过相关数据的量化分析来描述、推断某一事物发生事故的可能性和后果，通常在定性风险评估之后进行。

风险评价的方法众多，但每一种方法都有一定的局限性，所以开发或确定所要使用的风险评价方法，必须首先明确评价目的、对象及范围。

据研究表明，适用于基础生物安全实验室且易于操作的风险评估技术主要有头脑风暴法及结构化访谈、德尔菲法、情景分析、检查表法、风险矩阵、人因可靠性分析、故障树分析、事件树分析等8种方法，高等级生物安全实验室风险评估需要考虑的风险因素相对较多，往往需要上述8种风险评估技术组合使用进行风险识别、风险分析、风险评价，再根据风险评价的结果进行风险控制。而低等级生物安全实验室因相对简单，根据高等级生物安全实验室的风险评估结果，通过检查表法进行筛选即可。

开展生物安全实验室风险识别评估，并根据风险识别评估结果落实相应的风险控制措施，可以确定所计划开展的研究工作的生物安全水平级别，选择合适的个体防护装备，并结合其他安全措施制订标准操作规范，以确保在最安全的水平下来开展工作，这也是实验室生物安全管理的核心工作之一。

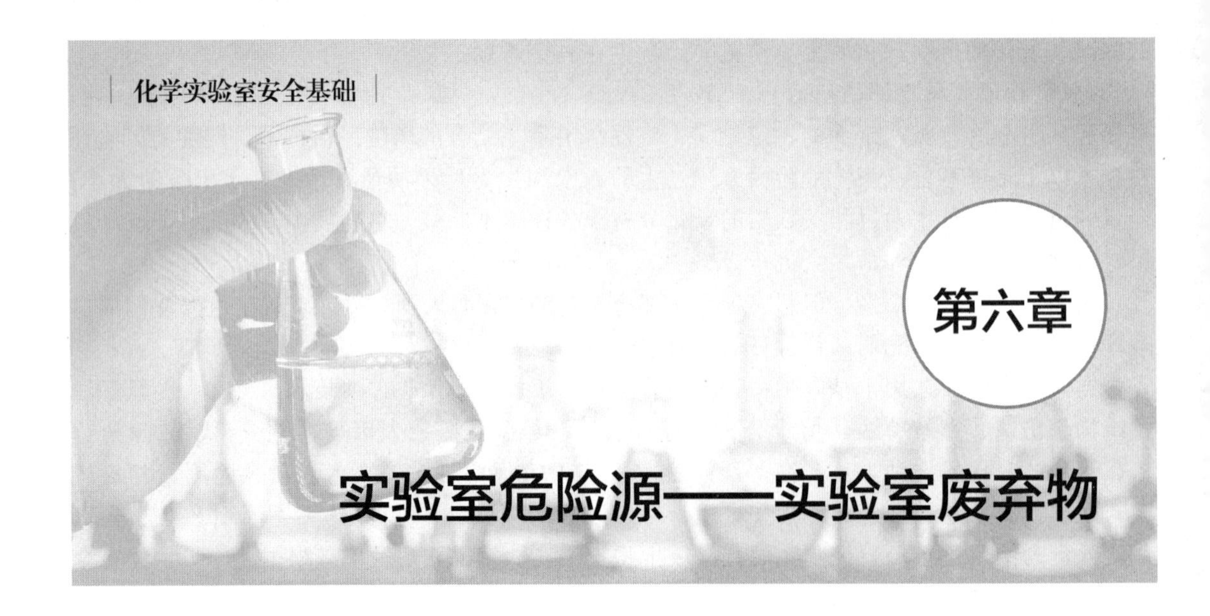

实验室是教学、科研实验的场所，在其中进行各种各样的实验，会产生各种各样的废弃物。实验室产生的废弃物种类与所进行的实验有关，具有种类繁多、组分复杂、集中处理不便等特点。实验室废弃物，特别是化学实验及生物实验产生的废弃物，不仅会危害人们的健康，而且未经处理排放会对环境造成污染。因而，各实验室要根据废弃物的性质，尽可能对其进行无害化处理，避免排出有害物质危害自身或者危及他人。

第一节　实验室废弃物概述

《市容环境卫生术语标准》(CJJ/T 65—2004) 将废弃物定义为：人类生存和发展过程中产生的，对持有者没有继续保存和利用价值的物质。实验室废弃物指因在实验室从事研究、开发和教学活动产生和排放的废弃物。

一、实验室废弃物的分类

(一) 形态分类

按照废弃物状态可分为固体废物、液体废弃物（废液）及气体废弃物（废气）。

1. 固体废物

实验室的固体废物是实验活动中产生的固态或半固态废弃物质，包括残留的固体试剂、多余固体试剂、沉淀絮凝反应所产生的沉淀残渣、消耗和破损的实验用品（如玻璃器皿、包装材料等）、残留的或失效的固体化学试剂以及生活垃圾等。

2. 液体废弃物

实验室的液体废弃物是实验活动中产生的液体废弃物质，包括：失效的化学试剂；实验反应过程中产生的各种溶液；清洗各种实验用具和设备（各种玻璃容器、进样瓶、制样设备等）时产生的废液；设备冷却装置（如各种蒸馏冷却装置、仪器设备冷却装置等）产生的废液；等等。根据废液中所含主要污染物的性质、成分，具体分类如下：

（1）有机废液

① 油脂类：由实验室产生的废弃油脂，如灯油、轻油、松节油、润滑油等。

② 含卤素有机溶剂类：由实验室所产生的废弃溶剂，该溶剂含有脂肪族卤素类化合物，如氯仿、氯代甲烷、二氯甲烷、四氯化碳；或含芳香族卤素类化合物，如氯苯、苄基氯等。

③ 非含卤素有机溶剂类：由实验室所产生的废弃溶剂，该溶剂不含脂肪族卤素类化合物或芳香族卤素类化合物。

（2）无机废液

① 含重金属废液：由实验室所产生的含有任一类重金属（如铁、钴、铜、锰、铅、银、锌等）的废液。

② 含其他盐类废液：由实验室产生的含一般无机盐类的废液。

③ 废酸液：由实验室产生的含酸的废液。

④ 废碱液：由实验室产生的含碱的废液。

⑤ 剧毒类废液：实验室产生的含汞、砷、氰、氟、酚等剧毒类的废液。

3. 气体废弃物

实验室气体废弃物包括实验室内化学试剂和样品的挥发物、化学反应过程的中间产物、泄漏或排空的标准气等。具体分类如下。

（1）无机废气：主要包括氮氧化物、硫酸雾、氯化氢等。

（2）有机废气：主要包括苯、甲醛、茚三酮、乙酸乙酯、甲酰胺、乙醇、三氯甲烷、环己烷等。

（二）性质分类

按照实验室废弃物性质还可以分为化学性废弃物、生物性废弃物和放射性废弃物。

1. 化学性废弃物

化学性废弃物是指实验室中使用或产生的废弃化学试剂、药品、样品、分析残液及盛装危险化学品的容器、被危险化学品污染的包装物和其他列入《国家危险废物名录》或者根据国家规定的危险废物鉴别标准和鉴别方法认定的具有危险特性的废弃物。

2. 生物性废弃物

生物性废弃物主要是开展生物性实验的实验室产生的，包括实验过程中使用过或培养产生的动植物的组织或器官、动物尸体、组织液及代谢物、微生物（细菌、真菌和病毒等）、培养基等，还包括被微生物污染的实验耗材、实验垃圾等。这些实验废弃物若未经严格灭菌处理而直接排出，会造成严重的生物性污染后果。

3. 放射性废弃物

放射性废弃物是指含有放射性核素或被放射性核素污染，其浓度或比活度大于判定的清洁解控水平，并且预计不再利用的物质。在一些生物实验室、医学实验室及矿物冶炼方面的实验室会产生放射性废弃物。

（三）危害性质分类

按废弃物的危害程度来分可以分为一般废弃物和危险废弃物。

1. 一般废弃物

一般废弃物是指比较常见的、对环境和人体相对安全的废弃物，如实验室中装试剂及仪器的包装纸盒、废纸、废塑料、玻璃瓶、废铁等。一般废弃物经过回收处理后大多可以成为再生产品。

2. 危险废弃物

危险废弃物也称为有害废弃物，是指具有毒性、腐蚀性、易燃性、反应性或者感染性等一种或者几种危险特性的，对人体健康或环境造成现实危害或潜在危害的废弃物；或指列入《国家危险废物名录》或者根据国家规定的危险废物鉴别标准和鉴别方法认定的具有危险特性的废物。我国生态环境部公布了《国家危险废物名录（2021 年版）》，共列入了 467 种危险废物，这些废弃物的收集、储存及处理需要根据相关法律法规及标准进行。

二、实验室废弃物的来源

（一）固体废物的来源

实验室固体废物来源广泛，成分复杂。例如，实验原料、废弃的实验产物、破碎器皿、试剂瓶、废弃的破旧仪器设备以及生活垃圾等。在化学实验中，实验室的废弃实验产物中，有未反应的原料、副产物、中间产物；有化学反应中添加的辅助试剂，如催化剂、助催化剂的剩余物；还有化工单元操作中产生的固体废物，如精馏残渣及吸附剂等。在生物实验中会有固体培养基等废弃物，还会产生大量的实验器械与耗材类废弃物，如吸头、吸管、离心管、注射器、手套等一次性用品。在食品实验室会有下脚料、添加剂等固体废物产生。实验室固体废物堆放在实验室中一方面会占用实验室空间，影响实验室观感；另一方面固体废物中的一些有毒有害物质会挥发到空气中，对实验人员造成伤害。未经处理而放置于环境中的固体废物会在自然环境条件作用下释放有害气体、粉尘或滋生有害生物，产生恶臭味，或是其中的有毒有害物质被雨水冲刷后进入土壤以及水体，造成污染。

（二）液体废弃物的来源

实验室废液主要来自各科研单位实验研究室和高等院校的科研和教学实验室。实验室废液中污染物的种类以及排出量与相应的实验有关，具有量少、间断性强、高危害、成分复杂多变的特殊性质。实验室废液主要来源于无机化学的定性、定量分析实验产生的酸碱液，含银、铬的金属离子废液，含碘、氯等元素的多种价态的废液；有机化合实验产生的高浓度有机废液、含氰废液、有机胺废液等；物化（电化学、表面性质）实验产生的含汞废液、含磷废液、含银废液等；冶金、制药等生物化工实验产生的含氰废液、含银废液、有机胺废液等。实验室还有一些配制的过期溶液、试剂，清洗各种实验用具和设备（各种玻璃容器、进样瓶、制样设备等）时产生的废液，缺失标签标识的各种液体试剂。

（三）气体废弃物的来源

实验室产生的废气有挥发性有机物、粉尘、有毒有害气体等。在化学、食品、医药等实验室都会用到有机溶剂，有些溶剂容易挥发，如苯、甲苯、甲醛、二氯甲烷、乙醚、丙酮等容易挥发到空气中，对空气造成污染，人长时间待在其中会危害身体健康。还有一些化学试剂，如盐酸、硝酸、三氟乙酸等，在使用过程中会产生酸雾。而在一些实验室中会有大量的粉尘产生，如金属加工会产生金属粉尘、纳米材料实验室也会有纳米颗粒悬浮在空气中，这些粉尘达到一定浓度遇明火可以引起粉尘爆炸，人长期吸入也会对人体造成危害。在一些医学、生物学的实验室中会产生生物污染物，如一些病毒、致病菌等会扩散到空气中，经呼吸道吸入引起人体病害。还有就是在实验过程中产生的有毒有害气体，如 CO、Cl_2、SO_2、H_2S 等。

三、实验室废弃物的特点

（1）实验室废弃物种类复杂。实验室涉及物理、化学、辐射学等多门学科，实验项目众多，所用化学品千差万别，产生的实验室废弃物也很复杂。

（2）实验室废弃物数量少。单个实验项目、单个实验室产生量小（相对于工业生产）。

（3）实验室废弃物危害大。实验室废弃物具有毒性、腐蚀性、爆炸性、易燃性、挥发性等多种危害特性，不但对人体健康造成伤害，也对大气、河道、地下水或土壤的周围环境系统产生严重污染。

（4）实验室废弃物呈隐性及间断特征。实验室单次排放零星、少量甚至是微量的废弃物，由于环境的自净能力，不会对生态环境造成即时严重后果。高校实验室单次实验产生的废弃物往往是隐性的、间断的，不易被察觉，不易引起重视。但实验室在长期实验过程中积累的实验废弃物频次高、数量大、成分复杂，有潜在未知的风险。

（5）处理设施少，处理成本高。我国实验室的废弃物处理尚未受到足够的重视，部分实验室没有完善的处理设施。再者单次实验废弃物总量少，地理分布分散，成分复杂。即便每所高校都建立配套的污染物集中处理设施，不仅因建立成本高而导致废弃物回收、处理成本高，而且设备的利用率不高。

四、实验室废弃物的危害

（一）对人体的危害

科研人员暴露在有害的实验室废弃物中会对人体产生毒害作用，主要有中毒、腐蚀、引起刺激、过敏、缺氧、昏迷、麻醉、致癌、致畸、致突变、肺尘埃沉着病等。在实验室环境中，有毒害作用的废弃物可通过直接接触以及空气、食物、饮水等方式对人体造成伤害。如操作不当或防护不当，在处理废弃物的过程中皮肤直接碰触到有毒有害的废弃物，可导致皮肤保护层脱落，引起皮肤干燥、粗糙、疼痛、皮炎等症状，有的化学物品、致病菌、病毒可能通过皮肤进入血管或脂肪组织，侵害人体健康；实验室废弃物中的有机物（如苯、甲苯等）会挥发到空气中，长时间吸入可引起头痛、头昏、乏力、苍白、视力减退、中毒等症状，长期在这种环境中会造成免疫力下降，增加患癌症的风险；在一些管理不严格的实验室，实验人员将饮用水、食物等带到实验室，飘浮在空气中的有害物质会附着在食品上，同时残留在手上的试剂等有害物质也会通过饮食进入体内，危害人体健康；另外，排放到环境中的废弃物会将有害物质释放到空气、水以及土壤中，然后经过植物、动物的富集，最终通过饮食将有害物质富集到人体中，如日本水俣病事件就是含有重金属汞的废液排放到水体后经微生物作用转化为甲基汞，鱼虾生活在被污染的水体中渐渐被甲基汞所污染，而居民长期食用这些鱼虾以后，最终汞在体内富集，造成严重伤害。

（二）对环境的危害

随着高校、科研单位、卫生、检验检疫、环保以及企业的实验室的科研活动越来越频繁、深入，实验室试剂的用量和废弃物的排放量也在迅速增长，废气、废液、固体废物等的排放及其污染问题日渐凸现，越来越引起社会的关注。实验室产生的废弃物不仅会直接污染环境，而且有些化学废弃物在环境中经化学或生物转化形成二次污染，危害更大。固体废物对环境污染的危害具有长期潜在性，其危害可能在数十年后才能表现出来，而且一旦造成污染危害，由于其具有的反应呆滞性和不可稀释性，一般难以清除。一些实验室的酸碱废液及有机废液不经处理便经下水道排放，日积月累地任意排放必定会成为污染源，如富含氮、磷的废水会使水体富营养化，水中藻类和微生物大量繁殖生长，消耗大量溶解在水中的氧气，造成水体缺氧，导致鱼类无法生存，破坏水中的生态系统。而且大量藻类死亡后会腐烂，释放出甲烷、硫化氢、氨等气味难闻的气体，造成严重的环境污染。高校及科研单位的实验室一般都在城市人口密集区，众多的实验室同时长期地通过通风橱向外排放实验中产生的有毒有害气体，会对附近的空气质量有影响。

实验人员只有掌握实验室废弃物科学分类与管理的方法，了解实验室废弃物的危害性，才能在实验过程中规范操作，避免随意倾倒废液、随手丢弃杂物、直接排放废气等违规操作，才能根据实验的需求购置、配制相应量的药品。对实验过程中产生的毒性大的废气、废液和固废进行收集、存放并规范处理。

第二节　实验室废弃物安全收集与贮存

高校实验室涉及科目日渐增多，研究方向日益广阔。随之而来的是不同实验项目产生大量种类多、成分杂、毒性强、不稳定的实验室废弃物。我们应该建立一条标准化的实验室废弃物安全控制路线，包括废弃物产生—收集—贮存—处置。

一、实验室废弃物安全收集

实验室废弃物种类繁多，为了便于管理和处理，需要收集之前明确废弃物的成分，根据各成分的理化性质及废弃物相容性进行归类、收集，收集贮存容器的材质和衬里要与所盛装的废弃物相容（不相互反应）。实验室废弃物的收集贮存可参照《实验室废弃化学品收集技术规范》（GB/T 31190—2014）、《实验室危险废物污染防治技术规范》（DB11/T 1368—2016）等。

（一）实验室废液收集

为了保证危险废弃物能安全、妥善地进行处理，必须高度重视危险废弃物的收集贮存，以下是收集贮存危险废液时需要注意的。

1. 实验室废液相容性

废液在倒进废液桶前要检测相容性，再分门别类按标签指示倒入相应的废液桶中，禁止将不相容的废液混装在同一废液桶内，以防因发生化学反应而产生危害。每次倒入废液后须立即拧紧内盖和外盖。

（1）含碱废液

避免混入下列物质：有机物质、酸性物质、金属、过氧化物等，以及其他会对处理过程造成妨碍的物质。

（2）含无机酸废液

避免混入下列物质：碱性物质、金属、有机物质、混入后会产生有毒气体的物质（如氰化物、硫化物等）、还原剂、氧化剂、爆炸物、溴化物、碳化物、硅化物、磷化物等，以及其他会对处理过程造成妨碍的物质。

（3）含铬废液

避免混入下列物质：有机物质、碱性物质、金属、金属盐、还原剂、磷、甲酸盐、硫酸盐、磷酸盐、次磷酸盐、碳酸盐、氨、硫化物、溴化物、生物碱盐、石灰水、硼砂、单宁酸、蔬菜的收敛剂等，以及其他会对处理过程造成妨碍的物质。

（4）含镉废液

避免混入下列物质：有机物质、强酸、金属、金属盐、还原剂、磷等，以及其他会对处理过程造成妨碍的物质。

（5）含汞废液

避免混入下列物质：有机物质、碱性物质、钾、钠、镁、锑、砷、硼砂、铜、铁、铅、甲酸盐、硫酸盐、磷酸盐、次磷酸盐、碳酸盐、氨、硫化物、溴化物、生物碱盐、石灰水、单宁酸、蔬菜的收敛剂等，以及其他会对处理过程造成妨碍的物质。

（6）含氰化物废液

避免混入下列物质：酸性物质、有机物质、强氧化剂（如硝酸盐、亚硝酸盐、过氧化物等）、汞、氯、溴及会引起爆炸产生有害气体和恶臭等成分的化学物质，以及其他会对处理过程造成妨碍的物质。

（7）非卤素类有机废液

避免混入下列物质：酸/碱性物质、强氧化剂（如过氧化物、硝酸盐或过氯酸盐）等，以及其他会对处理过程造成妨碍的物质。

（8）含卤素类有机废液

避免混入下列物质：酸/碱性物质、强氧化剂、碱金属（如钠、钾）、氰化物、硫化物等，以及其他会对处理过程造成妨碍的物质。

（9）过期试剂、母液

过期试剂、浓度过高或反应性剧烈的母液等不得倒入收集容器内，应连原包装物一起收集进行处理，分类包装时注意以下几点：

① 漂白粉和无机氧化剂中的亚硝酸盐、亚氯酸盐、次亚氯酸盐不得与其他氧化剂混合存放。

② 硝酸盐不得与硫酸、氯磺酸、发烟硫酸混合存放，无机氧化剂与硝酸、发烟硫酸、氯磺酸不得混合存放。

③ 氧化剂不得与松软的粉状可燃物混合存放。

④ 遇水燃烧物不得与含水的液体物质混合存放。

⑤ 无机剧毒物及有机剧毒物中的氰化物不得与酸性腐蚀物质混合存放。

⑥ 氨基树脂与氟、氯、溴、碘及酸类不能混合存放。

2. 实验室废液的收集

（1）实验室废液须使用密闭式容器收集贮存，贮存容器应与实验室废液具有相容性。收集容器一般为高密度聚乙烯桶（HDPE 桶），与 HDPE 桶不相容的则使用不锈钢桶或其他相容性容器。

（2）实验室产生废液量较少时，可采用 25L 小口胶桶收集（若废液量大，可采用 200L 小口胶桶），桶身需无破损、无污染，必须拧紧内盖和外盖，避免挥发及在运送过程中溅出。

（3）实验室废液需用胶质漏斗转移至胶桶内，转移过程中多种废液混合必须遵守相似相容原则，桶内废液不宜收集过满，确保每桶废液至少预留 10cm 空间。

（4）废液收集桶标识标签应贴于桶身上，记录内容包括下列几项：废液名称、废液主要成分以及特性、产生来源、储存时间、储存数量；多种废液的混合液需要在主要成分信息里详细列出。标签位置应明显，使相关人员易于辨识，以便废液分类收集、储存及后续的处置。如图 6-1 所示。

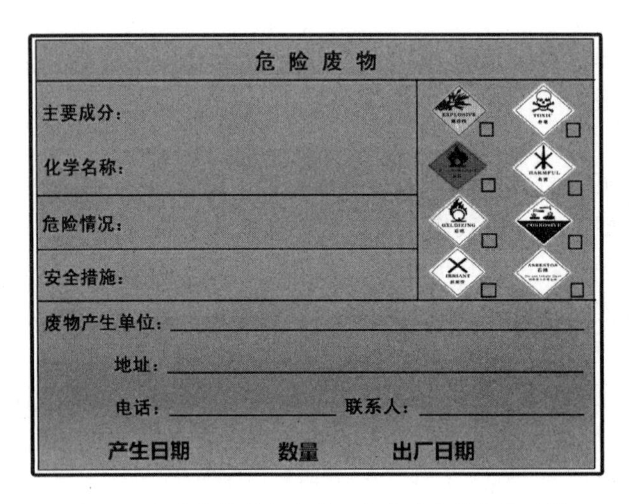

危险废物

主要成分：

化学名称：

危险情况：

安全措施：

废物产生单位：

地址：

电话：　　　　联系人：

产生日期　　数量　　出厂日期

图 6-1　危险废物储存容器上的危险废物标签示样

（尺寸：20cm×20cm 或 10cm×10cm；底色：醒目的橘黄色；字体颜色：黑色；使用说明：每个危险废物容器和包装物均要求有标签，且标签栏目的信息须填写齐全。）

（5）每一收集容器应随附一份收集记录表，收集记录表一式两联，正联由实验室危险废物产生单位留存，副联随收集容器交至危险废物利用、处置单位，记录表中的废弃物来源、各组分浓度和体积分数等信息，应尽可能详尽。

（二）实验室固废收集

1. 化学类废弃物

（1）实验室试剂瓶（含塑料瓶）应清空瓶内残液，清洗后置于纸箱内，并张贴相应标签。严禁用编织袋、塑料袋包装。

（2）碎玻璃、玻璃器皿等废弃容器应清洗后单独置于纸箱内，送缴时应使用胶带密封，确保不散落，并张贴相应标签。严禁用编织袋、塑料袋包装。

（3）手套、滤纸等软体废弃物平时应使用黄色危废垃圾桶收集，不得混入生活垃圾，送缴时使用编织袋包装并封口，编织袋须张贴相应标签。

2. 生物类废弃物

（1）微生物污染尤其是病原微生物污染过的固体废物（如 EB 胶、针头、针管、培养皿等），必须先在实验室采用高压蒸汽灭菌或放入 2000mg/L 有效氯消毒液中浸泡消毒 1h 进行灭活消毒，使其达到生物学意义上的安全要求后，再装入专用的塑料包装袋，并贴上相应的标签。其中锐器类废弃物还需要用牢固、厚实的小纸板箱等再次妥善包装，避免外露伤人，纸箱上贴上相应的标签。

（2）未被污染的 EB 胶、果胶、培养基等生物半固体废弃物应使用圆形 25L 废液桶密封贮存，废液桶需张贴相应标签。

二、实验室废弃物安全贮存

实验室每次产生的废弃物量较少，种类不同，性质各异，一般是分类收集废弃物到一定量后再集中处理，或是交由具备相应处置资源的单位处理。因而，在废弃物处理前需对不同废弃物进行分类收集、贮存，避免其扩散、流失、渗漏而产生交叉污染。实验室废弃物的暂存、贮存可参照《危险废物贮存污染控制标准》（GB 18597—2023）、《危险废物收集 贮存 运输技术规范》（HJ 2025—2012）、《实验室危险废物污染防治技术规范》（DB11/T 1368—2016）等相关标准。

（一）实验室废弃物暂存区

（1）实验室应设置危险废弃物暂存区，暂存区外边界地面应施画 5cm 宽的黑黄色警示线，墙上按废物类别张贴危险废物警告标志（如图 6-2 所示）。

（2）实验室废弃物暂存区应保持良好的通风条件，并远离火源，避免高温、日晒和雨淋。如图 6-3 所示。

图 6-2 贮存场所危险废物警告标志
（尺寸：边长为 40 cm，外檐宽 2.5 cm；颜色：背景为亮黄色，图形为黑色；材料：坚固、耐用、抗风化、抗淋蚀；使用说明：警告标志应悬挂或粘贴在贮存场所的外墙醒目处）

图 6-3 实验室废弃物暂存区示意图

（3）存放两种及以上不相容危险废物时，应分类别存放，尽量设置一定距离的间隔。

（4）暂存区要结合实际存放废弃物设立防遗撒、防渗漏等措施，防止危险废物溢出、遗撒或泄漏。

（5）暂存区废物容器和设置的防漏容器需定期检查其密闭、破损、泄漏情况以及标签粘贴情况。

（6）暂存区的废弃物应结合实际情况及时转运、处理。

（7）实验室管理人员应落实暂存区管理责任，并做好实验室废弃物投放、转运台账。台账内容应当包括实验室名称，投放日期，废弃物的来源、种类、数量，转运的时间、数量等项目。台账资料至少保存3年。

（二）实验室废弃物贮存场所

为避免污染环境、爆燃、爆炸的重大安全隐患，高校等实验室运营单位应建立专门的危险废弃物集中贮存场所，贮存危险废物。

（1）实验室废弃物贮存场所应当符合《危险废物贮存污染控制标准》（GB 18597—2023）要求，依据环境影响评价结论确定废弃物集中贮存场所的位置及其与周围人群的距离。

（2）贮存场所应满足防扬散、防流失、防渗漏要求；贮存场所地面须作硬化处理，场所应有雨棚、围堰或围墙。

（3）贮存液态或半固态废物的，还应设置泄漏液体收集装置。

废弃物贮存场所收集的渗滤液及贮存场所清理出的泄漏物一律按危险废物管理。

（4）储存易燃、易爆等废弃危险化学品，按照危险化学品相关储存规定做到防火防爆的安全要求；储存废弃剧毒化学品的，应按照公安机关要求落实治安防范措施。

（5）贮存场所需按照危险废物的特性分类储存，性质不相容的、具有反应性且未经前期安全性处置的实验室危险废弃物严禁混合储存。

（6）废弃物贮存场所设置废水导排管道或渠道，将冲洗废水纳入实验室主管单位废水处理设施处理。

（7）贮存场所内禁止存放除实验室废弃物及应急设备以外的任何其他物品。

（8）贮存场所及分贮存间应封闭管理，防止无关人员接触、进出贮存场所。

（9）实验室废弃物贮存场所要加强管理，定期巡检，确保危险废物不扩散、不渗漏、不丢失等；如实记录实验室危险废物储存情况，做好贮存管理台账。

（10）实验室废弃物贮存时间不能过长，不得超过一年，废弃物处置需委托具有处理资质的公司进行统一处理。

第三节　实验室废弃物安全处理

实验室废弃物处理应本着绿色环保理念，依据减量化、再利用、再循环的整体思维方式来考虑和解决实验出现的废弃物问题。处理时要谨慎操作，防止因废弃物泄漏而导致火灾、爆炸等危险，处理后的废弃物要确保无害才能排放。

防治危险废物污染环境，实行预防为主、集中控制、全过程监管和污染者承担治理责任的原则。首先要减量化，要从源头上实现绿色化，采用最新的科研成果，使用无毒、低毒的药品，尽可能减少废弃物的产生和排放，从而在源头上解决废弃物排放问题，保证对环境的污染降至最低。其次要资源化，最大程度实现实验废弃物的循环利用。废弃物是被错放位置的宝贝，所以将实验废弃物循环利用可以节约资源、减少排放，再循环再利用。最后要无害化，无循环再利用价值的实验室废弃物，应对其进行无害化处理，达到国家相关标准后方可自行排放。

实验室“三废”（废水、废气、固体废物）的治理应坚持“源头减量、分类收集、定点存放、专项管理、统一处理”的原则。

一、实验室废气的安全处理

实验室在鉴定、检验和测试过程中，都会产生各种废气，其成分复杂多样，主要包括含苯、酮、醇、酯类等的有机废气，二氧化硫、硫酸雾等无机废气，还有高温燃烧废气、烟尘等。针对实验室废气很多采用的是直接排放的方式，采用管道集中到楼顶，用风机直接排放，也有的实验室采用分散式排风扇直接排放，基本上都未对废气进行处理。实验室不定期废气排放，不仅对大气造成污染，而且对人群造成潜在性危害。若遇阴雨、低气压气候，排出的废气难以及时扩散，也对局部环境造成污染。

实验室废气主要处理方法有如下几种。

1. 回收法

通过物理方法，在一定温度、压力下，用选择性吸附剂和选择性渗透膜等方法来分离挥发性有机化合物（VOCs），主要包括活性炭吸附、液体吸收、冷凝法和生物膜法等。

（1）活性炭吸附：活性炭吸附法又称干法废气处理，由于活性炭表面上有不饱和的分子键，所以活性炭有很强的吸附能力，当废气分子接触到活性炭时，废气会被活性炭吸附住，饱和后用低压蒸汽再生，再生时排出废气，经过冷凝和水分离后回收溶剂，而过滤后的废气能实现达标排放。此方法一般适用于有害物质的种类相对稳定且浓度较低的废气的处理。

（2）液体吸收：利用废气中的主要有害气体成分可溶于水或其他溶液的特性，直接进行液体吸收，以净化气体。最常见的液体吸收净化废气用设备就是废气净化塔，废气的入口在废气净化塔塔底，从下往上贯穿塔体，通过单层或者多层填料，将废气吸收净化处理，干净的废气会通过塔顶上方排出系统。废气净化塔处理废气主要是通过吸收液与废气发生中和反应，达到净化的目的。

（3）冷凝法：此方法主要利用冷媒介使高温废气温度降低，使有害物质冷凝、凝结并与废气分开，对高浓度冷凝液再进行回收利用。这种废气处理法仅适用于对高温重金属废气、有机废气进行处理，但处理效率不如其他方法，其处理效果的好坏受冷媒介的温度影响。

2. 消除法

消除法是通过化学或生物反应，用光、热、催化剂和微生物等将有机物转化为水和二氧化碳。主要包括热氧化法、燃烧法、生物氧化法、电晕法、等离子体分解法、光分解法等。

（1）燃烧法：对于实验室排放的有机废气，大部分可以回收利用，少部分没有回收价值的可以直接燃烧处理掉。这包括高温燃烧和催化燃烧，前者需要附加助燃物直接燃烧，后者虽然燃烧耗能低，但需要在催化剂帮助下才可以燃烧。

（2）光分解法：利用高能且富含臭氧的紫外线处置废气，废气中的有机或无机高分子化合物在高能紫外光束照射下降解转化成低分子化合物。

3. 化学反应法

利用废气中的某些物质与特定化学试剂发生化学反应的特性，去除气体中有害污染成分。常见的有中和法、溶解法等。

（1）中和法：对于酸性或碱性气体用适当的碱或酸中和。对于含酸或碱类物质的气体，浓度较大时，可利用废碱或废酸相互中和至废液的 pH 值在 5.8～8.6 之间，若废液中不含其他有害物质，则可加水稀释至含盐浓度在 5%以下后排出。

（2）溶解法：用合适的溶剂将溶解度大的气体完全或大部分溶解。

目前实验室产生的废气大致可划分为有机、无机、粉尘、混合废气，实验室废气种类繁多，不能简单统一采用一种方法来处理。根据各实验室排放有机、无机及混合废气的种类，综合当地的气候条件，采用多方法组合来处理。例如：有机废气可以采用功能明确、针对性强的氧化法、回收法、吸附法来分级处理，以保证环保、安全、稳定的净化过程。详见表 6-1。

表 6-1　不同类型实验室废气的处理方法

废气种类	主要处理方法及措施
有机废气	催化氧化法、冷凝回收法、吸附法、生物法、直接燃烧法、热力燃烧法、低温等离子法、吸附催化燃烧法等
无机废气	吸附法、废气洗涤法、水吸收法等
粉尘废气	脉冲袋式集尘法、袋式除尘法、脉冲滤筒除尘法、旋风式除尘法、湿式除尘法等

二、实验室废液的安全处理

实验室的废液种类多、成分复杂，具有经常性、间歇性、分散性等特点，难以用一种方法统一处理，成分不同，处理方法也各有不同。

目前，常见的普通实验室废水处理的方法一般有两种：

（1）循环使用。采取循环用水系统，使废水在实验过程中多次重复利用，减少废水排放量。

（2）净化处理。净化处理就是用各种方法将废水中所含的污染物质分离出来，或将其转化为无害物质，从而使废水得以净化。净化的方法一般有三种：

① 物理法：沉淀、过滤、离心分离、浮选（气浮）、机械阻留、隔油、萃取、蒸发结晶（浓缩）、反渗透等。

② 化学法：混凝沉淀、酸碱中和、氧化还原、电解、消毒等。

③ 生物法：活性污泥法、生物膜法、生物氧化塘、污水灌溉等。

（一）实验室无机类废液的处理

1. 含无机酸、碱废液的处理

无机酸、碱废液通常含有硝酸、盐酸、硫酸、氢氧化钠、氢氧化钾、氨等。此类废液直接排放会改变水体的 pH 值，破坏水体的缓冲作用，妨碍水体自净能力，因此必须加以处理。利用废酸、废碱相互中和反应是处理无机酸、碱的最基本、最有效的方法。将废酸液慢慢倒入废碱液，相互中和后，用 pH 试纸（或 pH 计）检验至溶液的 pH 值在 6.5～8.5 之间即可排放。对于浓度低的酸碱废液可用水稀释使溶液浓度降到 5%以下，然后可直接排放。

2. 含重金属废液的处理

重金属废液处理方法可分成以下几类（见表 6-2），并在实际处理重金属废水中得到了广泛应用，其中低成本的吸附剂和生物吸附剂的吸附法，被认为是一种可以替代活性炭对低浓度重金属废水进行处理的有效且经济的方法。膜过滤技术去除重金属离子具有很高的去除效率，但成本较高。这些方法各有利弊，选择哪种方法处理含重金属的废水，要依据实际情况（金属的初始浓度、废水中金属的主要组成部分、资本投资和运营成本、操作的灵活性和可靠性以及对环境的影响）来决定。

表 6-2　重金属废液处理方法

化学沉淀法	离子交换法	吸附法	膜过滤法	凝胶和絮凝法	体系浮选法	电化学处理法
氢氧化物沉淀、硫化物沉淀	树脂交换法、组合式离子交换法	活性炭吸附、碳纳米管吸附、低成本吸附剂及生物吸附剂吸附	超滤、反渗透过滤、纳米膜过滤及电渗析	电絮凝法、膨润土凝胶絮凝法、聚丙烯酰胺絮凝	电浮选法、沉淀浮选法、溶气浮选法	电解法、溶剂萃取法、光催化法

（1）氢氧化物沉淀法

在废液中加入 NaOH 使溶液呈碱性（一般调 pH 值至 9～11），并加以充分搅拌，很多重金属可生成氢氧化物沉淀。溶液放置一段时间后，将沉淀滤出并妥善保存，对滤液进行检测，确证滤液达到排放标准后排放。用这种方法处理含重金属的废液，可使 Ag^{+}、Al^{3+}、As^{3+}、Bi^{3+}、Ca^{2+}、Cd^{2+}、Co^{2+}、Cr^{3+}、Cu^{2+}、Fe^{3+}、Fe^{2+}、Mn^{2+}、Ni^{2+}、Pb^{2+}、Sb^{3+}、Sn^{2+}、Zn^{2+} 等除去。废液中同时含有两种以上重金属时，因其处理的 pH 值各不相同，必须加以注意。

中和剂除了 NaOH 外，还可用 $Ca(OH)_2$ 和 Na_2CO_3。$Ca(OH)_2$ 可防止两性金属的沉淀再溶解，且其沉降性能也较好。Na_2CO_3 还可使 Ba^{2+}、Ca^{2+}、Sr^{2+} 等离子生成难溶性的碳酸盐（pH＝10～11）而除去。

为了使沉淀更完全，可再加入凝聚剂产生共沉淀。常用的凝聚剂有 $Al_2(SO_4)_3$、$FeCl_3$、$Fe_2(SO_4)_3$ 和 $ZnCl_2$。用共沉淀法处理时，由于产生沉淀的 pH 值范围相当宽，因而在 pH 值较小时就能完全沉淀。

如果废液中含有六价铬，可用硫酸亚铁、亚硫酸盐、铁屑、二氧化硫等还原剂将废液中的六价铬还原成三价铬离子，再加碱调整 pH 值，使三价铬形成氢氧化铬沉淀除去。具体方法是：在含铬废液中加入 H_2SO_4 调溶液的 pH 值在 2～3，分批少量加入 $NaHSO_3$ 晶体至溶液由黄色变成绿色为止［此时 Cr（Ⅵ）全部还原成 Cr^{3+}］，再用 NaOH 或 $Ca(OH)_2$ 调 pH 值至 7～8，将 Cr^{3+} 以 $Cr(OH)_3$ 形式沉淀析出，再加混凝剂，使 $Cr(OH)_3$ 沉淀除去。

（2）硫化物沉淀法

在废液中加入 Na_2S、NaHS 或 H_2S 溶液，充分搅拌后，许多重金属离子可以形成硫化物沉淀。由于大多数金属硫化物的溶解度一般比其氢氧化物的溶解度要小得多，因此采用硫化物可使重金属得到较完全的去除。但硫化物沉淀一般颗粒较小、沉淀较困难，常常需要投加凝聚剂和助凝剂以加强去除效果，常用的凝聚剂为 $FeCl_3$ 和 $Al_2(SO_4)_3$，助凝剂为聚丙烯酰胺。

虽然硫化物法比氢氧化物法可更完全地去除重金属离子，但是由于它的处理费用较高，硫化物沉淀困难，因此使用并不广泛，有时仅作为氢氧化物沉淀法的补充方法使用。此外，在使用过程中还应注意避免造成硫化物的二次污染问题，要检查滤液中有无 S^{2-}，如果含有 S^{2-}，要用 H_2O_2 将其氧化、中和后才可排放。

（3）铁氧体共沉淀法

铁氧体共沉淀法是向重金属废液中投加铁盐，通过工艺控制，达到有利于形成铁氧体的条件，使污水中多种重金属离子与铁盐生成稳定的铁氧体晶粒共沉淀，再通过磁力分离等手段，达到去除重金属离子的目的。钒、铬、汞、钴、镍、铜、锌、镉、锡、锰、铋、铅等离子都可以形成铁氧体。

经典铁氧体法能一次去除多种重金属离子，形成的沉淀颗粒大且不会再溶解，无二次污染问题，易于分离，设备简单，操作方便。但经典铁氧体法不能单独回收重金属，操作过程中需加热到60～80℃，耗能多，需通空气氧化，氧化速度慢，处理时间长。为克服这些缺点，改进的铁氧体法即GT铁氧体法应运而生。

（4）吸附法

吸附法处理重金属废液主要是通过吸附材料的高比表面积的蓬松结构或者特殊功能基团对水中重金属离子进行物理或化学吸附。吸附法因吸附材料有很宽的来源范围、选择性强和便于操作，是一种理想的实验室废液处理的方法。

活性炭因其特殊的孔隙结构具有巨大的比表面积、较多的表面官能团和良好的机械强度而成为常用的吸附剂之一。活性炭对重金属离子的吸附包括重金属离子在活性炭表面的离子交换吸附、重金属离子与活性炭表面的含氧官能团之间的化学吸附以及重金属离子在活性炭表面沉积而发生的物理吸附。活性炭可以同时吸附多种重金属离子，吸附容量大，对六价铬也有较强的还原作用，但价格昂贵、使用寿命短，材料的再生处理也很麻烦。

目前还采用树脂、蟹壳、活性污泥、褐煤、草炭、风化煤、煤粉灰等作为重金属离子吸附剂。树脂中含有羧基、羟基、氨基等活性基团，可与重金属离子进行螯合，形成网状结构的笼形分子，因此能有效地吸附重金属离子。壳聚糖及其衍生物是处理重金属废液的理想树脂材料，壳聚糖对Ag^{+}、Cd^{2+}、Cu^{2+}、Mn^{2+}、Ni^{2+}、Pb^{2+}和Zn^{2+}等都有很强的吸附能力。

（5）离子交换树脂法

离子交换树脂法是重金属离子与离子交换树脂发生离子交换，以除去或者回收重金属的方法。它是在固相离子交换剂和液相电解质溶液间进行的，树脂性能对重金属去除有较大影响。常用的离子交换树脂有阳离子交换树脂、阴离子交换树脂、螯合树脂和腐殖酸树脂等。

离子交换树脂法是一种重要的重金属废液治理方法，具有处理量大、出水水质好、可回收水和重金属资源的优点。缺点是树脂易受污染或氧化失效，再生频繁，离子交换树脂价格昂贵，再生也需要很高的费用，因此，一般废液处理上很少使用。但它用于处理量小、毒性大、有回收价值的重金属是不错的方法。

（6）膜分离技术

膜分离技术是利用一种特殊的半透膜，在外界压力作用下，在不改变溶液中物质化学形态的基础上，将溶剂和溶质进行分离或浓缩的方法。膜分离技术是在对含重金属废液进行适当前处理如氧化、还原、吸附等手段之后，将废液中的重金属离子转化为特定大小的不溶态微粒，然后通过滤膜将重金属离子过滤除去。膜分离技术包括反渗透、超滤、电渗析、液膜、渗透蒸发等。膜分离技术在重金属废液处理中具有技术可靠、操作费用低、占地面积小、不需加化学试剂、不产生废渣、不会造成二次污染的优点，其作为一种高新技术在含重金属废液处理领域已有广泛的研究、探索和应用。

随着膜技术在废液领域研究的进一步深入，将膜技术与其他工艺组合起来处理重金属废液，同时发挥各自的长处，取得了较好的效果。胶束强化超滤是最近发展起来的与表面活性剂技术相结合的方法。当表面活性剂浓度超过其临界胶束浓度时，大的两性聚合物胶束形成，溶液经过超滤膜时，吸附有大部分金属离子和有机溶质的胶束被截留，透过液可回用，含重金属的浓缩液则进一步被电解，可回收重金属。

（7）气浮法

气浮法处理重金属废液时，须先将重金属离子析出。加入表面活性剂，使析出的重金属疏水化，疏水的重金属黏附于上升气泡表面，上浮去除。按黏附方式不同，气浮法可分为离子气浮法、泡沫气浮法、沉淀气浮法、吸附胶体气浮法四类。

气浮法对处理稀有的重金属废液具有独特优点，重金属残留低，操作速度快，占地少，废液处理量大，生成的渣泥体积小，运转费用低。但出水盐分和油脂含量高，浮渣和净化水回用问题需进一步解决。

（8）电解法

电解法是利用电极与重金属离子发生电化学作用，废液中重金属离子通过电解在阳、阴两极上分别发生氧化还原反应使重金属富集，然后进行处理的方法。电解法是集氧化还原、分解和沉淀于一体的处理方法，包括电凝聚、电气浮、电解氧化和还原等多种净化过程。按照阳极类型不同，电解法可分为电解沉淀法和回收重金属电解法。

电解法工艺成熟，设备简单，占地面积小，无二次污染，操作方便，而且可以回收有价金属。但电耗大，出水水质差，废液处理量小，不适合处理低浓度废液。近年来，一种新型的水处理技术——内电解法克服了上述缺点。内电解法絮凝床中电化学反应均自发进行，无须消耗能源，以废治废。可以同时处理多种污染物，并提高难降解污染物的可生化性，可作为难生化有机废液的预处理手段。

（9）光催化法

光催化法是利用光催化剂表面的光生电子或空穴等活性物种，通过氧化或还原反应去除水中的重金属离子的方法。目前，实验室常用的光催化剂有 TiO_2、ZnO、WO_3、$SrTiO_3$ 等，其中 TiO_2 以良好的光催化热力学和动力学优势应用最广。

光催化法是一种环境友好型废液处理方法，能在常温常压下进行，并且无毒性、耗能低、选择性好、快速高效等，在重金属废液处理中前景广阔，日益受到重视。但从实际应用的角度出发还存在着许多问题，如重金属离子在光催化剂表面的吸附率低、光催化剂的吸光范围窄等。

（10）生物法

运用生物方法去除水中的重金属离子是生物技术一个新的应用领域。生物方法是利用菌体、藻类及一些细胞提取物等将溶液中的重金属离子吸附到细胞表面，通过细胞膜将重金属离子运输到细胞体中“积累”起来，然后通过一定的方法使金属离子从微生物体内释放出来，以降低重金属离子的浓度，从而消除重金属离子对环境的污染。

生物方法具有以下特点：操作的 pH 值和温度条件范围宽；处理效率高、节能、运行费用低；在低浓度下，金属可以被选择性地去除；易解吸，可回收重金属；来源丰富，可利用从工业发酵工厂及废液处理厂中排放出的大量微生物菌体吸附处理重金属。

生物方法在处理重金属污染和回收重金属方面有广阔的应用前景。但是，目前这方面的研究主要处于经验、实验室阶段，在实用化和工业化应用中还存在着许多有待解决的问题，主要是微生物对重金属离子的去除能力不够大，在去除过程中达到平衡的时间比较长。

3. 含氰化物废液的处理

含氰量高的废液应回收利用，回收方法有酸化回收法、蒸汽解吸法等。含氰量低的废液应净化处理后方可排放，处理方法有碱氯法、电解氧化法、过氧化氢氧化法、臭氧氧化法、加压水解法、生物化学法、离子交换法、硫酸亚铁法和空气吹脱法等。其中，碱氯法应用较广；硫酸亚铁法处理不彻底亦不稳定；空气吹脱法既污染大气，出水又达不到排放标准，较少采用。

（1）酸化回收法

酸化法处理含氰废液回收氰化物的方法是：用硫酸或二氧化硫将含氰废液的 pH 值调至 2.8～3，此时金属氰络合物便分解生成 HCN；鼓入空气使 HCN 挥发逸出（HCN 的沸点仅 25.6℃）；用氢氧化钠或氢氧化钙溶液吸收，达到回收利用的目的。经过酸化回收法处理后，水中氰化物浓度降低，氰化物的回收率为 85%～95%。

酸化回收法的经济效益显著，但处理成本高，处理后废液含氰达不到排放要求，需进行二次处理。

（2）碱氯法

碱氯法是用含氯氧化剂将氰化物分解为 N_2 和 CO_2 达到无害排放。在含氰化物的废液中加入 NaOH 溶液，调节 pH 值至 10 以上。然后加入约 10% 的 NaClO 溶液，搅拌约 20min，再加入 NaClO 溶液，搅拌后，放置数小时。如废液中含有其他重金属，在分解氰基后，必须进行相应的重金属处理。

4. 含氟废液的处理

含氟废液的处理方法有混凝沉淀法和吸附法。实验室普遍采用混凝沉淀法。混凝沉淀法可分为石灰法、石灰-铝盐法、石灰-磷酸盐法等。石灰法处理方法较直观，方便快捷且费用最低。石灰法的具体操作方法是：将氧化钙或石灰乳放入含氟废液中，理论上加入氧化钙的量应为 1.4 倍的氟含量，实际操作中加入氧化钙的量应为 2～2.2 倍的氟含量。

5. 含砷废液的处理

含砷废液的处理方法有化学沉淀法、物化法和生化法。化学沉淀法具体操作方法是：加入氧化钙（使 pH 值为 8），生成砷酸钙和亚砷酸钙沉淀，在 Fe^{3+} 存在时共沉淀。物化法操作方法：使溶液 pH 值大于 10，加入硫化钠，与砷反应生成难溶、低毒的硫化砷沉淀。两种方法操作起来都较方便，任选其一即可。

6. 含酚废液的处理

针对不同浓度含酚废液的处理方法有以下两种：对于低浓度酚废液处理可加入次氯酸钠或漂白粉，使酚氧化为氧和二氧化碳；当酚的质量浓度大于 400mg/L 时，高浓度酚废液处理用丁酸乙酯萃取，再用少量氢氧化钠溶液反复萃取，调节 pH 值后，重新蒸馏，提纯后使用。

（二）实验室有机类废液的处理

实验室有机类废液与无机类废液不同，大多易燃、易爆，不溶于水，故处理方法也不尽相同。

1. 焚烧法

大多数有机类废液都是可燃的，对于可燃性的有机类废液，最常用的处理方法是焚烧法。一般是在燃烧炉中焚烧，但废液数量很少时，可把它装入铁制或瓷制容器，选择室外安全的地方焚烧。具体做法是：取一长棒，在其一端扎上蘸有油类的破布，或直接用木片、竹片等东西，站在上风方向点火焚烧。必须监视整个焚烧过程。

因含 N、S、X（卤素）的可燃性有机废液燃烧会产生 NO_2、SO_2 或 HX 等有害气体，所以处理这类废液必须在配备有洗涤器的焚烧炉中焚烧，并用碱液洗涤焚烧废气，除去其中的有害气体。这类有机物主要包括：吡啶、喹啉、噻吩等杂环化合物；酰胺、酰卤等羧酸衍生物；二硫化碳、硫醇、烷基硫、硫脲、硫酰胺、二甲亚砜等含硫化合物；氯仿、氯乙烯、氯苯等卤代烃；氨基酸；含 N、S、X 的染料、农药、颜料及其中间体等。

对于有些难燃烧的有机废液，可把它们和可燃性物质混在一起燃烧，或者把它们喷入配备有助燃器的焚烧炉中焚烧。含磷酸、亚磷酸、硫代磷酸及磷酸酯类、磷化氢类以及磷系农药等物质的有机磷废液大多难以燃烧，多采用这种方法处理。对多氯联苯之类难以燃烧的物质，往往会排出一部分还未焚烧的物质，要特别加以注意。对含水的高浓度有机类废液，也能用这种方法进行焚烧。

对固体物质，可将其溶解于可燃性溶剂中，然后进行焚烧。

如果废液中同时含有重金属，则要保管好焚烧残渣。

2. 溶剂萃取法

对难以燃烧的物质和含水的低浓度有机废液，可用与水不相混溶的正己烷、石油醚之类的挥发性溶剂进行萃取，分离出有机层后，进行蒸馏回收或焚烧。

但对形成乳浊液之类的废液，不能用此法处理，只能用焚烧法处理。

3. 吸附法

对难以焚烧的物质和含水的低浓度有机废液，还可用吸附法处理。常用的吸附剂有活性炭、矾土、硅藻土、聚酯片、聚丙烯、氨基甲酸乙酯泡沫塑料、层片状织物、锯木屑及稻草屑等。用这些吸附剂吸附有机废液后，与吸附剂一起焚烧处理。

4. 氧化分解法

对易氧化分解的含水低浓度有机类废液，先用 H_2O_2、$KMnO_4$、NaClO、H_2SO_4 + HNO_3、HNO_3 + $HClO_4$、H_2SO_4 + $HClO_4$ 及废铬酸混合液等物质将其氧化分解，再按无机类实验废液的处理方法加以处理。

5. 水解法

对容易发生水解的酯类和一些有机磷化合物，可加入 NaOH 或 $Ca(OH)_2$，在室温或加热下进行水解。如果水解后的废液无毒害，把它中和、稀释后即可排放；如果水解后的废液含有有害物质，用上述适当的方法加以处理。

6. 生物化学处理法

由于乙醇、乙酸、动植物性油脂、蛋白质、氨基酸、纤维素及淀粉等易被微生物分解，所以对含有这类有机物的稀溶液，可用活性污泥之类的东西并吹入空气进行处理，也可用水稀释后直接排放。

近几年来，利用微生物或植物将芳香族硝基化合物转化为低毒或无毒物质的过程，因其效率高、成本低引起研究者的广泛关注。生物法与生物强化技术和基因工程技术联用后，可有效提高芳香族硝基化合物的降解效率，具有广泛的应用前景。

7. 光催化降解法

近几十年来，有关环境污染物的光催化转化、降解和矿化的研究备受人们的关注。这些反应能在常温常压下发生，仅需要光、氧气和水就能使许多有毒的有机污染物发生转化、降解或矿化，生成易被生物降解的小分子、CO_2 和无机离子。与现有的吸附、焚烧、生物氧化等环保技术相比，光催化降解法具有成本低、矿化率高、二次污染少等优势，有望成为下一代环保新技术。

在太阳紫外线和可见光的作用下，绝大多数环境污染物难以发生光解，也不易与氧气等分子发生氧化还原反应，因此需要借助合适的催化剂，才有可能使目标污染物发生快速和高效的降解。大量研究表明，半导体二氧化钛以其无毒、催化活性高、氧化能力强、稳定性好的优势成为合适的环保型光催化剂。利用太阳光，在二氧化钛催化下，多种有机污染物如氯酚、染料、多溴联苯醚等被氧化分解成 CO_2、水和无机盐。

三、实验室固体废物处理

固体废物处理是通过物理的手段（如粉碎、压缩、干燥、蒸发、焚烧等）或生物化学作用（如氧化、消化分解、吸收等）和热解气化等化学作用缩小其体积、加速其自然净化的过程。

实验室的固体废物处理技术涉及物理学、生物学、化学、机械工程等许多学科，依据原理的不同，主要处理技术可以分成如下几方面。

（一）固体废物的预处理

由于固体废物难处理的特点，在对其进行进一步的综合利用和最终的处理之前，通常都需要先对其实行预处理。预处理主要包括固体废物的破碎、筛分、粉磨、压缩等工序。

固体废物的最大特点是体积庞大，成分复杂且不均匀，因此为达到固体废物的减量化、资源化和无害化的目的，对固体废物进行破碎处理显得极为重要。破碎是通过人力或机械等外力的作用，破坏物体内部的凝聚力和分子间作用力而使物体破裂变碎的操作过程。若再进一步加工，将小块固体废物颗粒分裂成细粉状的过程，称为磨碎。破碎是固体废物处理技术中最常用的预处理工艺。

（二）实验室固体废物的处理方法

1. 物理法

固体废物的分选简称废物分选，是废物处理的一个操作单元，其目的是将废物中可回收利用的或对后续处理与处置有害的成分分选出来。废物分选是利用固体废物的物理和化学性质，如分选物料的粒度、密度、电性、磁性、光电性、摩擦性、弹性以及表面润湿性的差异来进行分离，分选方法包括筛分、重力分选、磁选、电选、光电选、浮选，及最简单最原始的人工分选。

2. 化学法

固体废物发生一系列的化学变化，进而可以转化成能够回收的有用物质或能源。煅烧、焙烧、烧结、溶剂浸出、热分解、焚烧、电力辐射都属于化学处理方法。

（1）热解法

热解是利用有机物的热不稳定性，在无氧或缺氧条件下对其进行加热蒸馏，使有机物产生热裂解，生成小分子物质（燃料气、燃料油）和固体残渣的不可逆过程。通过对其进行热解处理，可以把固体废物的消极处理转变为积极的回收利用，从而把当今各国发展所遇到的两个共同难题——固体废物产量大和能源不足有机地协调起来。因而，热解处理可视为一种有发展前景的固体废物处理方法。

（2）固化/稳定化

固化/稳定化技术是处理重金属废物和其他非金属危险废物的重要手段。其他固体废物经无害化、减量化处理后，亦需要经过固化/稳定化处理，才能进行最终处置或加以利用。固化/稳定化技术作为固体废物最终处置的预处理技术在国内外已得到广泛的应用。

3. 生物法

利用微生物的作用处理固体废物。其基本原理是利用微生物的生物化学作用，将复杂有机物分解为简单物质，将有毒物质转化为无毒物质。厌氧发酵和堆肥即属于生物处理法。

（1）厌氧发酵法

厌氧发酵（或称厌氧消化）是在没有外加氧化剂的条件下，被分解的有机物作为还原剂被氧化，而另一部分有机物作为氧化剂被还原的生物学过程。厌氧发酵普遍存在于自然界的微生物界，凡是在有有机物和一定水分存在的地方，只要供氧条件不好或有机物含量多，都会发生厌氧发酵现象，使有机物经厌氧分解而产生 H_2、CH_4、CO_2 和 H_2S 等气体。

现代工业则把利用微生物生产菌体、酶或各种代谢产物的过程都称为发酵（或消化）。从环境污染治理的角度来说，发酵技术是指以废水或固体废物中的有机污染物为营养源，创造有利于微生物生长繁殖的良好环境，利用微生物的异化分解和同化合成的生理功能，使得这些有机污染物转化为无机物质和自身的细胞物质，从而达到消除污染、净化环境的目的。

（2）堆肥化法

堆肥化就是利用自然界广泛分布的细菌、放线菌、真菌等微生物，以及由人工培养的工程菌等，在一定的人工条件下，有控制地促进可被生物降解的有机固体废物向稳定的腐殖质转化的生物化学过程，其实质是一种发酵过程。

4. 固体废物的最终处理方法

固体废物的最终处理：指的是对于没有任何利用价值的有毒有害固体废物，就需要进行最终处理。常见的最终处理的方法有焚化法、掩埋法、海洋投弃法等。但是，固体废物在掩埋和投弃入海洋之前都需要进行无害化处理，而且深埋在远离人类聚集的指定地点，并要对掩埋地点做记录。

（1）焚烧

焚烧使废物的有机成分转化成无机产物。对于低比活度的可燃废物来说，焚烧是最有效的减容方式，并且生成的灰烬易于加工成适于处置的稳定形式。

（2）填埋

填埋技术作为固体废物的最终处置方法，目前仍然是中国大多数城市解决固体废物问题的主要方法。

实验室是进行实验教学和科学研究的基地，同时也是进行科技创新和培养人才的重要基地。随着我国高等教育的发展，高校的实验室所涉及的面越来越广，所承担的实验项目逐渐繁重，实验室类型越来越多。这些都对实验室安全工作提出了新的挑战。近年来，实验室安全事故时有发生，对师生的人身安全与健康、学校的发展乃至公共财产安全构成了一定的威胁。因此，高校实验室迫切需要一个安全、高效、稳定、智能的实验室安全体系。

有的学者提出实验室安全体系概念，认为“以人为本”的实验室安全体系，应该是包括安全管理体系、安全教育体系和安全技术体系的三位一体的有机结合。安全管理和安全教育让人们在头脑中形成安全的价值观，提高安全素质；安全技术体系则为实验室安全提供一定的技术保障，在出现危急情况时可以及时地消除危险或将危害降到最低程度。

构建实验室安全体系，应该遵循以下几个基本原则。

1. 针对性

实验室安全体系的构建，要以单位自身实验室的安全现状为基础，针对实验室主要危险源和实验室安全薄弱环节，构建实验室安全体系。

2. 系统性

实验室安全体系的构建，要根据实验室安全的不同内容划分成多个模块，针对不同模块提出不同措施，最终形成模块之间相互联系与制约的系统有机体，以保证实验安全体系的内容及措施能有效发挥作用，做到安全收益最大化。

3. 全面性

实验室安全体系须覆盖涉及实验室安全的全人员、全过程以及全方位。实验室安全体系建设不能只涉及某一环节或某个方面，应当立足全局、把握细节，涵盖全过程。实验室安全工作涉及事项庞杂且随机性强，也需要部门联动、师生协作，充分调动各方力量来完成。

4. 以人为本

实验室安全体系要树立以人为本的理念，贯彻“安全第一，预防为主”的实验安全方针。因此体系建设需规划每个人的责任及义务，同时将责任及义务落实到各级管理者和每一个参与者，只有形成人人要安全、人人管安全的共识，每个人主动参与安全管理，才能确保安全管理无死角。

只有针对性地创建全面、健全的实验室安全体系，才能确保实验室安全、高效、有序地开展相关教学和科研活动，才能保障广大师生的人身安全和国家财产安全。

第一节 实验室安全管理体系

学校实验室安全管理是一项涉及人、物、技术、管理、环境等一连串关联性因素的统筹性系统工程。实验室安全组织体系和安全制度体系共同构建了系统的实验室安全管理体系。

一、实验室安全组织体系

学校实验室安全组织指的是学校为保障实验室安全而组建的组织机构及其运作方式。从纵向说，学校实验室安全组织机构包含学校及代表学校的职能部门——学院和实验室三个层面。完善的实验室安全组织体系层次结构清晰、职责明确，运行上实行统一领导、分级管理、责任到人。

（一）实验安全组织构建的原则

组织建立的基本原则是：统一领导，分工合作，提高效率。实验室安全组织构建应具体遵循下列原则：

1. 目标一致的原则

任何组织都有一定的目标，并围绕各自的目标开展活动。它是组织存在和发展的基础。

实验室的设计建设、实验仪器设备管理、实验材料（包含危险化学品等）管理、实验队伍的建设及实验安全文化的宣传等等都与实验室安全息息相关。因此，为保障实验室安全需组建统一组织机构协调管理。

2. 整体效能的原则

根据系统论的观点，各部门各单位只有通过整体才能表现其高效的运行能力。所以，必须从学校整体出发，做到通盘规划、统一指挥、分工协作，以实现最佳调控。

3. 高效工作的原则

为了提高工作效率，组织内部各部门的职责范围必须进行科学合理地划分和确定。确定恰当的组织结构层次、职责范围，可以使各岗位职责清晰，分工明确，工作程序规范化，更好地完成工作任务。

4. 匹配化规模原则

实验室安全组织机构大小、层次多少和人员数量，必须根据实际工作需要确定，要与学校规模和教学、科研水平相适应，力求于精，并应根据单位规模、任务的发展变化，适时地进行调整和变动。

（二）实验室安全组织结构

健全实验室安全组织体系，按照“党政同责、一岗双责、齐抓共管”和“管业务必须管安全”的要求，建立“纵向到底、横向到边”的组织机构体系。纵向来讲建立学校、学院(院级建制的研究所、系所、重点实验室等)、实验室三级管理机构；横向来讲理顺每级中不同主体的职责、权限和责任。确保上下级之间、同级之间权责清晰，促进组织机构协调发展。如图 7-1 所示。

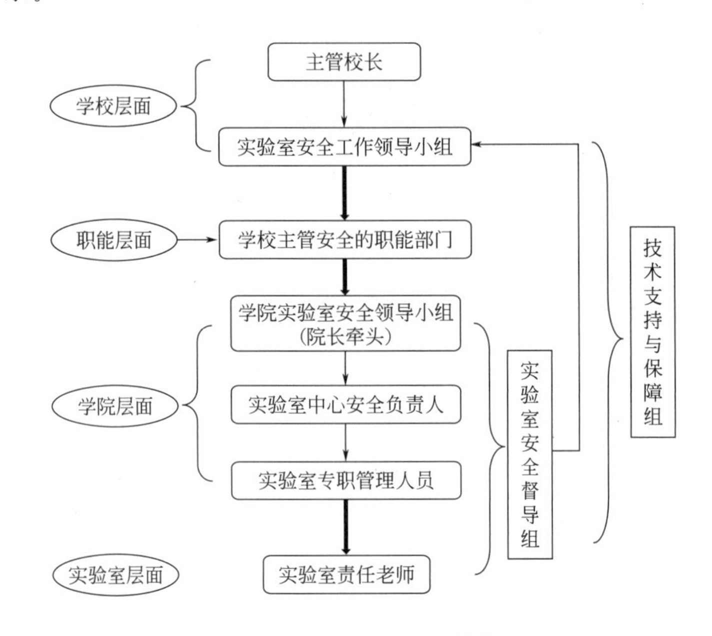

图 7-1 实验室安全组织结构图

1. 学校层面

(1) 校级实验室安全工作领导机构

设立由分管校长任组长，由实验教学与设备管理中心牵头，保卫处、科技处、研究生处等各职能部门负责人参与的校级实验室安全工作领导小组。校级实验室安全工作领导小组或委员会负责全校实验室安全工作的领导及顶层设计，其主要职责是：

① 贯彻落实上级部门有关实验室安全管理的工作要求，组织实施实验室安全有关法律法规、行业标准的执行。

② 制订学校实验室安全管理工作规划。

③ 组织制订学校实验室安全管理规章制度和安全事故应急预案。

④ 负责学校实验室安全管理工作的统筹管理与协调，检查监督相关工作及规章制度的落实。

(2) 技术支持和保障组织

由于实验室安全管理的专业性，学校还应成立实验室安全专家小组或指导委员会。特别是由于高校实验室安全涉及种类较多，涉及不同的专业知识和技术，各高校还应根据安全类别，分别成立生物安全专家小组、危化品安全专家小组、辐射安全小组、特种设备安全小组等。其主要职责是：

① 对学校实验室安全的制度建设、设施建设和安全事故处置等提供咨询指导意见。

② 协助做好实验室建设项目的安全风险评估工作。

③ 参与实验室安全检查、教育培训与考核工作等。

（3）学校职能部门

学校实验室安全职能部门是校实验室安全工作的归口管理部门，涉及安全的多部门在校级实验室安全领导机构统一带领下既可以联动协作、整合资源，又能各司其职，同时还可以避免权责不清、相互推诿。

涉及安全的职能部门主要职责：

① 执行学校实验室安全领导小组的决议，组织起草学校实验室安全管理制度。

② 组织开展学校实验室安全设施设备建设，以及实验室建设与改造项目、危险性实验项目场所的安全风险条件论证。

③ 组织开展学校实验室安全教育、业务培训、风险防范和应急演练。

④ 组织开展学校实验室安全检查，督促实验室安全隐患整改。

⑤ 组织开展学校实验室安全管理工作的考核评价。

⑥ 受理学校实验室安全事件报告，配合有关部门做好实验室安全事故的调查、处置工作。

2. 学院层面

（1）学院实验室安全领导小组

按照“压力层层传导，狠抓责任落实”的原则，建立、健全院系层级的实验室安全管理组织体系，成立由院级党政领导共同负责的实验室安全领导小组，负责组织落实学校的实验室安全工作部署，发挥“上传下达”的作用。学院实验室安全领导小组的主要责任有：

① 建立健全本学院实验室安全工作责任体系。

② 根据本学院的学科、专业特点，组织制订实验室安全管理实施细则，编制实验室安全事故专项应急预案。

③ 组织开展本学院人员的安全教育、业务培训和应急演练。

④ 全面辨识和管控本学院实验室的危险源及风险点，做好涉及危险品和具有危险性实验项目的安全风险评估，做好危险品和危险设备的管理。

⑤ 负责本学院实验室日常安全检查和隐患整改。

⑥ 负责做好本学院实验室安全隐患和安全突发事件的报告报送和警示教育，以及会同有关部门做好安全事故的调查处置工作。

（2）学院实验中心

学院设有实验中心协助主管院长落实实验室安全管理，承担本单位实验室安全工作的直接监管责任，确保教职工、学生的人身安全及资产安全和环境安全。

实验中心主要职责包括：

① 根据本单位实验室承担的任务，制订本实验室安全管理细则、实验操作规程和专项应急预案。

② 监督岗位安全制度的执行情况，组织做好安全自查和隐患整改工作。

③ 做好危险品的储存、使用和废物分类收集的管理工作。

3. 实验室层面

本单位每个实验室应确定一位具备本实验室所要求的安全知识和技能的责任教师，协助本院实验室中心落实实验室安全管理工作，作为实验室安全工作的具体管理人，主要职责包括：

（1）负责实验室日常巡查和安全检查工作，监督实验室安全管理制度和实验操作规程的执行情况，制止违反安全管理制度和实验操作规程的行为。

（2）负责安全防护设施设备的日常管理和维护工作，及时报送安全隐患和突发状况。

（3）负责实验室安全工作日志和安全事件记录、安全档案收集、整理和汇总工作。

（4）负责实验室危险源的全生命周期管理工作，检查监督实验室人员资质、仪器设备操作规程和安全防范措施等。

此外，实验人员也享有安全隐患监督、检举等权利。

（三）完善配套的运行机制

运行机制是为激励组织机构成员工作能动性、有效约束其行为而设置的系列规则及措施，是组织机构长效运行的必要条件。各高校应实行统一领导、归口与分级管理、责任到人的实验室安全管理运行责任制。主要包括：

1. 实验室安全责任机制

学校实验室安全管理采取学校、学院、实验室三级管理责任机制，即学校统一领导、职能部门监管服务、学院主体负责、实验室具体实施的模式，将实验室安全责任自上而下逐级明确、落实，并通过签订安全责任书形式予以固化。

实验室安全组织各层级安全责任明确。首先学校层面，党政一把手是学校安全第一责任人，主管校长领导的学校安全工作领导小组是全校实验室安全管理的机构，全面负责决策、统筹规划与管理工作；其次职能部门层面，各部门依据学校安全工作领导小组的安排，各自负责执行全校实验室的安全管理、安全监督、安全保卫等职责；再者院系层面，院长是本院实验室安全的第一责任人，其他院系负责人是主要责任人，下属实验中心则负责执行和落实具体安全职责；最后实验室层面，实验室负责教师是直接负责人，负责本实验室安全日常管理，实验室全体师生负责日常安全执行。

政府相关主管行政部门定期督查高校实验室安全管理工作，了解责任人情况，及时发现校方问题，并将信息反馈给学校，督促学校做出整改；技术支持和保障小组负责对学校实验室安全现状进行专业的指导、调研、考核和设备检查等监督检查，并将信息反馈给学校相关职能部门，促进实验室安全管理得以改进。在实验室安全责任运行机制上形成责任传导模式：“向上传导给校领导—向下传递到师生”，从而实现实验室安全闭环管理。

2. 实验室安全奖惩机制

实际运行中坚持奖惩结合原则，对满足一定条件的单位或个人进行奖励或处罚。奖励方面定期对在实验室安全方面有突出贡献或优秀表现的单位或个人授予荣誉称号、给予物质奖励。处罚方面根据“谁主管，谁负责；谁使用，谁负责”的原则，制订相关规则，明确处罚种类和适用范围，规范处罚程序，对违反规章制度造成安全事故的二级单位、实验室及个人进行处罚。

3. 实验室安全考核机制

将实验室安全工作作为单位或个人工作、学习的考核指标，实行安全事故一票否决制，与实验室安全奖惩机制配套使用。就单位而言，实验室安全工作是单位年度考核、评奖评优的观测点指标之一，安全工作不到位或存在严重安全隐患时将丧失参加评奖评优活动的资格，发生安全事故时年终考核结果降等级。就个人而言，实验室安全工作直接关系到教职工的工作考核、岗位评聘、晋升及评奖评优，关系到学生的奖学金评定及荣誉称号授予等。

二、实验室安全制度体系

规章制度是组织结构的重要因素，实验室安全规章制度建设是实现安全目标的具体化，是实验室安全各项工作顺利开展的基础。只有建设全面的规章制度，并将规章制度贯穿于实验室管理的始终，作为管理的准则和决策的依据，才能使得管理有规可依、有章可循。

目前我国已经建立比较完备的安全生产法律体系，其中涉及高校实验室安全工作的法规就多达十几项。高校依据相关国家法律法规，着力制订各类安全管理制度，创建健全的安全管理制度体系，以确保实验室安全管理工作有章可循、有据可依。实验室安全管理制度分为校级、院级、实验室级 3 个类型。

（一）校级实验室安全管理制度

学校实验室安全领导机构及相关职能部门根据国家相关法律法规、强制性标准和行业规范要求，建立完善实验室安全管理相关规章制度，确保安全管理工作制度化、标准化、规范化。

校级实验室安全管理制度由制订的各类规定、办法、实施细则及工作通知等组成，按效力由高到低分为三级：

（1）一级文件是纲领性文件，规定全校实验室安全工作的基本行为规范。

（2）二级文件是补充和细化一级文件，是针对特定危险源所制订的实验室技术安全管理制度，主要包括管制类化学品安全管理、辐射安全管理、特种设备安全管理、生物安全管理、实验废弃物安全管理、用水用电安全管理、安全警示标识管理、实验室环境管理等具体管理办法。

（3）三级文件是职能部门发布的针对特定事项、特定问题的通知、细则。

（二）院级实验室安全管理制度

院级实验室安全管理制度是由学院制订的内部规范性文件的总称。具体包含：学院依据学校政策、结合学院实际情况制订的学院层面的管理细则，包括学院实验室安全管理工作小组成员及职责，实验室安全管理模式、责任体系及其他符合学院特色的具体管理细则；学院依据学科、专业特点制订的具体的实验室安全管理制度，包括实验室准入制度、风险评估制度、危险源全生命周期管理制度、实验室分类分级管理制度、安全检查制度、应急预案等。学院层面的管理细则及具体管理制度体现学院实验室管理模式，为学院实验室具体管理提供依据。

1. 实验室准入制度

进入实验室开展教学科研活动的所有人员必须获得学校或本单位的准入资格，未取得准入资格人员一律不得入内。

2. 实验室分类分级管理制度

依据实验室中存在的危险源类别进行分类；根据所从事的教学科研项目属性、所使用仪器设备种类、危险化学品和危险废物的品种与数量及导致（引发）事故的严重程度来实施实验室风险评价，并根据评价结果进行分级，以此开展实验室分类分级管理。

3. 危险源全生命周期管理制度

涉及使用危险源的实验室以及危险源的全生命周期管理，建立完善的危险化学品、气瓶、生物、放射性物品、机电、特种设备等重大危险源的安全分布档案和相应数据库。

4. 风险评估制度

对实验室建设项目（新建、改建、扩建）、新增实验项目进行事前风险评估，明确安全隐患和应对措施。

5. 实验室定期检查制度

设置科学合理的实验室安全检查项目规范，作为检查指导依据及隐患整改规范。实施多样化的安全检查手段，以常规检查为主，辅之以专项检查、不定期抽查等，做到问题排查、登记、报告、整改的闭环管理。

6. 实验室安全应急制度

建立包含应急救援小组、应急启动程序、应急处置方式的应急预案和应急演练制度，同时配齐应急保障物资、装备，以确保一旦事故发生，应急功能完备、响应及时。

7. 安全年度报告制度

实行实验室安全管理工作年度报告制度，总结工作经验和做法，分析存在的问题和安全隐患，强化责任落实，并上报学校职能部门，自觉接受上级监督部门的监督管理。

（三）实验室级安全管理制度

实验室级安全管理制度是由实验责任教师根据实验室自身安全工作及隐患特点制订的各类细则等，是上级文件有效落实的终端保障。主要包含以下制度：一是日常内务管理细则，规定安全基本要求，包括准入、环境卫生、日常值班等；二是安全警示制度，危险化学品、实验室废弃物、仪器设备等的安全信息，应张贴安全信息铭牌及各类警示标志；三是操作规程，针对大型仪器设备、复杂操作流程及危险性操作撰写相应技术规范及操作规程，并张贴在明显位置；四是应急预案，针对实验室内存在风险源的情况制订相应应急预案，使教师学生快速掌握有效规避风险的方式方法及关键点。

1. 实验室环境管理制度

实验室应保持清洁整齐，仪器设备布局合理，公共走廊、紧急通道保持畅通。实验室物品必须摆放整齐，实验结束后及时清理，不得堆放杂物。

2. 安全警示标识管理制度

实验室应根据本实验室技术安全的性质（危险化学品、易燃易爆、辐射、高压、强磁、压力容器等），在实验室房门、房间内相应位置张贴醒目标识，标明实验室安全等级、安全责任人、紧急联系人、危险源、防护要求等信息。

3. 水电安全管理制度

实验室用水用电应严格按照规范执行，不得擅自改装、拆修电气设施，不得乱接、乱拉电线，不得超负荷用电。实验室应定期检查电路，发现老化等隐患要及时报修更换，实验室电路改造和新增用电容量应经相关部门审批并通过验收方可使用。

4. 实验室技术安全管理制度

主要包括实验室已知危险源如危险化学品、辐射源、特种设备、气瓶等压力容器等使用、存放的具体操作管理细则；实验室大型仪器设备、复杂实验项目的操作流程及注意事项等细则，并张贴在明显位置。

5. 实验废弃物安全管理制度

实验废弃物处置实行“分类收集、定点存放、专人管理、转移处置”原则，实验室废液应做好防泄防漏，分类用专用容器收集存放，由学校统一定期处置。

6. 实验室日常值班制度

实验室值日人员每日离开实验室前，必须进行安全检查，确保电源、水源、气源和门窗等的关闭。

第二节 实验室安全教育体系

实验室是培养学生综合实践能力，帮助学生养成职业素质的重要场所。近年来，实验室安全事故频发，人为因素是导致实验室安全事故发生的重要原因，实验室安全教育越来越引起各个高校的重视。由于专业不同，实验室涉及的种类各有不同，实验室安全教育具有专业性强、内容复杂、层次多样的特点，因此，建立、健全全校性的规范、合理、高效的实验室安全教育体系，提高全体教师和学生的安全责任意识，对于保障教学、科研工作的正常进行具有十分重要的意义。

实验室安全教育就是结合实验室安全知识理论学习、实验室安全技能培训、实验室安全宣传建设等一系列活动，帮助师生树立“安全第一”和“以人为本”的安全价值观，形成关注安全、关注生命的安全理念；同时，激励学生的主观能动性，促进学生主动学习和获得实验室安全知识和技能，提高学生的安全素质和安全修养。

一、实验室安全教育体系构建

（一）实验室安全教育特点

实验室安全教育具有“针对性、全程性、全员性、全时性”四方面特点，从这四方面特点出发，构建合理的实验室安全教育体系。

1. 针对性

高校实验室因数量多、涉及学科多、专业性强、人员更替频繁的特点，实验室安全教育内容更应具有针对性，不能过于单一、笼统。高校各类实验室安全教育内容除了基础安全知识，还应涵盖自身实验项目的专业技能知识，内容丰富翔实，且根据该实验室自身的特点进行合理编排，能够面向所有涉及人员。

2. 全程性

实验室安全教育的目的是希望通过安全教育提高实验室安全素养和实验教学质量。在学校，学生是逐渐接触各类实验，进而参与到实验室的学习、科研工作中，因此，实验室安全教育始终贯穿教学、科研活动的全过程。

3. 全员性

进入实验室的人员包括教师、学生、实验室其他工作人员，有时也包括校外参与实验的人员，涉及人员多而广，也相应要求所有涉及人员都要接受必要的实验室安全教育。实验室安全教育能使每一个人都掌握基本、必要的安全知识，从而更好地服务于实验室管理和实验室安全建设。

4. 全时性

传统的实验室安全教育模式往往覆盖面有限，无法贯穿整个实验、教学过程，无法满足新形势下实验室安全教育的内在需求。目前，高校结合现代网络信息技术，开始实行规范化、层次化、多样化的线上学习新模式。学生可以在实验任意阶段对实验室安全教育内容进行查询、学习；实验室管理人员也可以按实验项目要求，分阶段通过测试了解学生对内容的掌握程度。“全时性”的实验室安全教育确保安全教育的有效性、长期性，提升广大师生的安全素质，推进实验室安全管理水平。

（二）实验室安全教育体系组成

安全教育体系是指将保障安全教育活动有效开展的相关要素按照其内在的逻辑关系组合而成的有机整体。安全课程教育、安全培训教育、安全文化教育三方面融合起来，构成安全教育体系的主要组成要素，如图 7-2 所示。

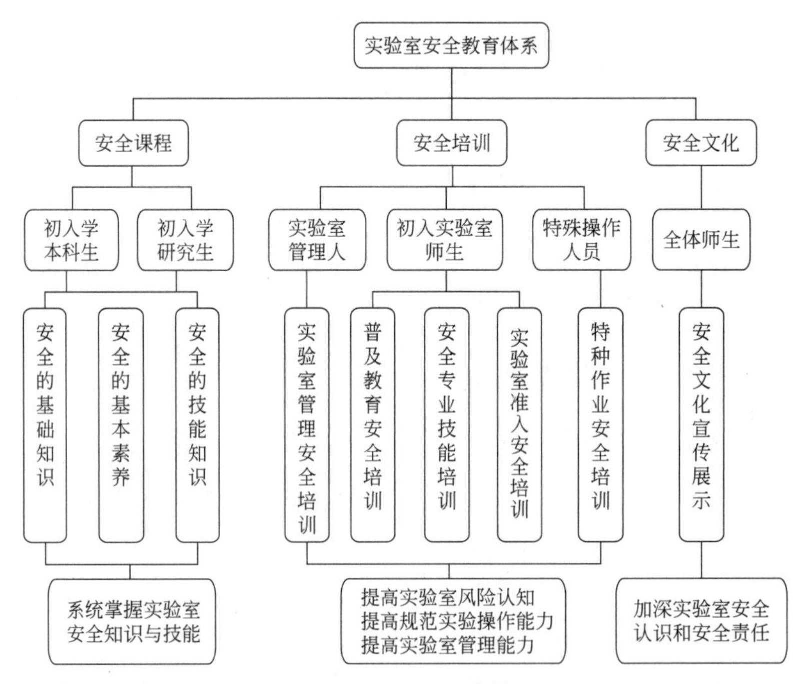

图 7-2 实验室安全教育体系图

二、实验室安全课程教育

课堂依然是教学的主阵地，没有课堂就谈不上教育。现阶段，实验室安全的相关课程教学是高校实验室安全教育深化与拓展中较为有效的教育形式之一。安全课程内容和教学方式是安全课程教育的核心，通过对课程内容和教学方式的具体设计和推动，带动安全教育整体发展深入。

实验室安全课程针对新入校的本科生、研究生设立，采用课堂教学方式，融合课堂互动、案例分析、现场模拟等教学手段将实验室安全知识生动地展现给学生，有利于学生全面、直观地掌握实验室安全理论知识和实用技能。

（一）安全课程内容

安全课程内容可以从教育目标的角度出发，课程内容分为知识类、技能类与素养类。知识类侧重理念的学习，技能类侧重实操教学，素养类侧重安全价值观的塑造，包括安全法律法规、安全管理、实验室安全与环保意识、安全产业与经济等。

（1）安全的基础知识：安全基本概念、术语、原理等基础知识。

（2）安全的基本素养：国家安全相关法律法规及有关行业的规章、标准；教育部关于实验室安全的相关管理制度、通知；学校制订的关于实验室安全的规章制度、实验室安全操作规程等。

（3）安全的技能知识：实验室常见危险源及其防范措施和事故应急措施；学院根据自身专业特点制订的安全操作规程；消防安全设施、安全防护设备的认识及正确使用方法；逃生、急救知识等；消防演练、应急演练等。

（二）安全课程教育方式

实验室安全课程内容需要有适合教育对象的合理教学方式方能有效实现。利用现代信息技术、虚拟现实技术等结合形成混合式教学模式，多方面运用混合式教学模式，可以同时满足学习者在受教育过程中对知识学习、技能训练、素质培养等多方面的需求。

1. 线上与线下教学混合

线上教学是将实验室安全知识、原理、规章制度等进行整合，形成系统知识，在课堂上教授传导。线下开展实操演示、事故模拟演练、应急救治演练等，引导学生完成对知识的理解和消化。线上教学方便知识的学习，线下教学方便技能的训练和素养的培养。

2. 虚拟与现实教学混合

虚拟可有效模拟实验室空间以及危险和特殊环境，不仅增强师生兴趣度和接受度，同时可对实践安全操作给予量化性评估，检测理论学习的效果并进行实践指导。

虚拟教学是将抽象的、操作性强的、现实中具有危险性的教学内容，利用虚拟现实技术设计成虚拟情境，帮助学生有效学习安全技能、增强安全素养，体验复杂的实验和操作环境。适合利用虚拟教学的课程有：危险源识别、安全事故的教学、危险设备操作、消防应急演练、急救与应急处理。现场实地教学更具有真实性和危机性，真实展现虚拟模拟的操作技能，着重培养学生面对现实复杂环境的判断力。两者互相配合，提高实际安全管理和突发事故中的人员实践技能。

3. 线上与线下考核混合

实验室安全教育是一项需要长期跟进的教育，需要对安全教育进行有效的效果评价。教师传统线下考核与网络平台的线上考核结合起来，对学生的学习过程和结果进行有效的考核。线上考核包括：模拟操作考核、知识点强化学习自测、安全等级评分等等。通过线上可以看到学习者对学习内容的选择，以及学习的完成度、测试结果、对某门课程的重复学习率等，结合线下的整套理论学习的结业考试方可完成所有系统性考核，获得实验室准入资格，从事科研活动。

只有通过线上、线下多角度对学生的学习记录和学习效果的评价，才能保障实验室安全教育内容得以顺利贯彻。

三、实验室安全培训

（一）安全培训内容

实验室安全培训是培养专业安全人员、提高师生和科研工作者安全技能、形成安全价值观的途径之一。学校择定安全培训主题，针对不同培训对象，采取多种形式，定期开展实验室安全培训，能有效地提高全体师生的安全意识，充分保证安全教育的长效性。安全培训主题内容主要包括以下几个方面。

1. 普及教育安全培训

学院定期对本院的教职工和学生开展的各种安全文化培训，主题鲜明、形式多样，包括实验室安全承诺与宣誓、专题讲座、实验室消防演练、实验室事故逃生演练、应急救援学习等等。在培训过程中，操作培训应注重实用性，教育培训则更应注重仪式感和内心的情感体验，从而做到让学生学有所获、学有所感、学有所悟。

2. 实验室准入安全培训

针对进入实验室前的所有师生必做的安全培训，培训要点：实验室安全管理规章制度；实验室安全操作规程；实验室存在的危险因素、防范措施和事故应急措施等整套理论、强化的知识点、习题自测、结业考试、等级评分等，完成相关考核方可结业，获得实验室准入资格，从事科研活动。

3. 实验室管理安全培训

针对实验室安全管理的相关人员所做的安全培训，培训要点：国家有关安全的方针、政策、法律法规及有关行业的规章、标准和规范性文件；安全管理的基本知识和相关专业知识，以及安全管理规章制度的内容；重、特大事故的防范、应急救援措施，事故的调查处理方法；管理、检查职能部门安全责任制和安全操作规程的执行、安全工作开展的程序和要求；典型事故案例分析。

4. 特种作业安全培训

针对特种作业人员所做的安全培训，培训要点：有关法律法规及行业的规章、标准；国家规定的专门理论和实际操作能力的安全技术培训；存在的危险因素、防范措施和事故应急措施。

（二）安全培训方式

实验室安全培训主要由三种方式实现，一是通过网络培训方式，分散自主学习；二是通过线下培训讲座方式，集中互动学习；三是通过虚拟现场模拟培训方式，仿真自主学习。

四、实验室安全文化

实验室安全文化活动是为全体师生而设立，是教育培训和课堂教学的延伸和补充，是校园文化生活的重要部分，具有广泛的凝聚力和号召力。通过开展丰富多彩的主题活动，能够提高师生对实验室安全的认同度。策划系列文化活动，包括实验室安全知识宣传专题展、实验室安全防范设备（安全方案设计）展示会、应急设施及安全劳保用品启用发放仪式、安全先进工作评奖、平安校园安全知识竞赛、文化作品征集等，并以橱窗、海报、展板、安全手册、新媒体推送等为载体全方位进行宣传与展示，营造浓厚的校园实验室安全文化氛围。文化熏陶力求从大处着眼，从小处着手，将实验室安全潜移默化地渗透到师生的工作和学习中去。

一流的实验室文化环境是开展实验教学和科学研究的重要保障，是培养求真务实、开拓创新精神的土壤。努力培育和传播具有自身特色的实验室文化，强调以文化人、以文育人，通过各类安全培训活动的开展，营造良好的实验室安全文化氛围，提升师生的综合安全素养。

开展实验室安全文化教育的主要意义体现在以下几个方面：①实验室安全文化教育有效地提高师生员工的安全意识，促使师生员工能够严格遵守实验室安全规程。②实验室安全文化教育可减少潜在的实验室安全事故的发生，减少事故造成的人员伤亡，减少有形或无形的财产损失，保证教学科研工作的正常开展。③实验室安全文化教育有效保障实验室安全的同时，更有利于整合实验室资源，有效利用。④实验室安全文化教育可提高学生的安全素养，使学生具备进一步深造或就业的良好素质。经过实验室安全教育的学生在今后的生活、工作中会体现出较高的安全素养，减少和避免安全事故的发生。⑤安全文化的开展会使其融入校园文化中，并辐射到社会，这种影响是广泛的、长效的。

第三节 实验室安全技术体系

安全管理体系和安全教育体系主要是从软件层面上进行安全保障，而安全技术体系主要是通过技术手段从硬件技术上进行安全保障和应急，包括基本环境保障体系和技术防范体系。安全技术防范体系依照功能，可区分为两大系统：防护技术系统和应急技术系统。

一、基础环境体系

实验室已成为多学科发展的重要场所，安全的实验室基础设施体系是营造良好实验环境、保障实验工作人员身心健康的必备要素，也是保障高校科研、教学顺利开展的必要条件。实验室设施安全已成为实验室安全体系的重要组成部分。实验室的设计、建设是一项系统工程，规划、建设、布局须满足行业标准规范要求。可参照的标准主要有《科研建筑设计标准》（JGJ 91—2019）、《建筑给水排水设计标准》（GB 50015—2019）、《建筑设计防火规范》（GB 50016—2014）等。

1. 实验室设计系统、合理

实验室各类公用设施管网的布置，应综合考虑实验室内需求及室外设计，做到安全可靠，方便使用和维护，并能满足未来实验室内各项负荷增加后的需求。在建筑面积允许的前提下，为今后发展留有扩容余地。实验室设计层高必须合理，以保障良好的实验空间以及室内的空气流通。

2. 实验室装修科学、合理

实验室建筑材料须符合材料燃烧性能等级要求，建议使用 A 级防火建筑装修材料。地面、墙面材料应具有耐腐蚀、易清洁等特点。根据实验需求合理设计实验台，采用标准化、装配式设计，并选择适宜的台面材料，同时在安全、合理的位置配置尽量多的插座，为便于检修和保障消防安全。

3. 实验室功能区布局明确、合理

实验室内的实验台、实验设备、通风柜、试剂柜、废弃物存放区等各功能区设计、布局需考虑物流、人流等动线规划，避免实验操作相互干扰。实验台间通道合理划分，以确保实验室的顺畅流动。为了保障科研工作人员的职业卫生健康，工作室不宜设置在实验区域内。

4. 实验室基础安全设施专业、合理

从健康、安全、环保的角度出发，应对实验室的通风、给排水、电气、供气等进行专业合理的设计。

（1）通风系统

化学类实验室通风系统是保障实验室环境安全的重要设施，可最大限度降低实验人员暴露在危险空气中的危害。根据实验室实际情况可采用全面通风、局部通风等形式。同时需要注意通风管道和风机的防腐性能。在实验中需要使用易燃易爆、可燃试剂等时，必须设置相应的防爆风机。针对需要长期通风的实验室，通风系统还应配置相应的送风系统，保持实验室内气压平衡。送风系统需要配置空气净化装置，保障室内空气的洁净度。当排出气体的有害物浓度超过有关标准规范时，须及时采取净化措施。

（2）供电系统

化学类实验室供电主要包括照明电和动力电两大部分。这类实验室的照明用电应单独设闸，照明度应满足实验操作需求，有防爆要求的实验室须按照防爆设计规定，安装防爆开关、防爆灯等。实验室内的动力电主要用于驱动部分大型仪器设备，因此电源功率应根据用电总负荷进行设计，为预防线路电压不稳，确保仪器工作稳定，应配置稳压电源或 UPS 不间断电源。

（3）给排水系统

实验室给水系统必须确保水压、水质和用水量的需求。实验室的排水系统设计务必与生活污水及废水排水系统分离，确保不会造成环境污染，不影响饮用水源。在实际设计、施工中还应注意排水管材料的选择，同时考虑其耐腐蚀性、阻燃性、连接密封性等指标。

（4）供气系统

实验室供气系统主要分为分散供气和集中供气两种。对于集中供气系统的建设与管理，需要系统考虑气体管路走向、管材选择、施工等多方面因素。此外，这类供气系统的安全技术保障尤为重要，如阻火器的设置、气体管道标识、气体监测报警、实验室内气瓶安全防护等。

二、安全技术防范体系

根据实验室的学科特点、设备运行规律及安全隐患形式，分析实验室的安全防护、应急措施需求，设计出具有针对性的安全技术防范体系，及时消除危险或将危害降到最低程度，保障实验室研究工作的安全可靠开展。安全技术防范系统依照功能，可区分为防护技术系统和应急技术系统。

实验室防护技术系统，是指实验室所配备的一些具有预警、防护功能的安全设备、设施。实验室常见防护技术设施包括：在化学实验室中，要有通排风系统、冲眼器、紧急喷淋、个体防护装置（防毒面具、防护服、护目镜）等；生物类实验室要有高温高压消毒装置、生物安全柜等；放射性的实验室中有防辐射、防泄漏设施等。实验室还要配备相应的预警设施，如视频监控系统，门禁系统，设备安全报警系统，空气监测系统，水、电、气状态实时监控系统等，其主要功能是预防危险和事故的发生，是“防患于未然”。

实验室应急技术系统，是指实验室所配备的，在发生事故或紧急情况时的安全设施，如消防设施（灭火器、消防栓、砂袋、灭火毯、消防喷淋设备等）、应急照明系统、事故警报系统、呼救系统、逃生系统、备用电力系统等。应急设施的主要功能则是“救急救险”，降低事故的危害程度。

（一）实验室常见防护设施

1. 实验室个体防护装置

（1）安全防护装备选择原则

实验室工作人员应根据不同级别安全水平和工作性质来选择个人防护装置并掌握正确的使用方法。《个体防护装备配备规范》（GB 39800.1～GB 39800.4）规定了个体防护装备选用的原则和要求。

个人防护装备如图 7-3 所示。

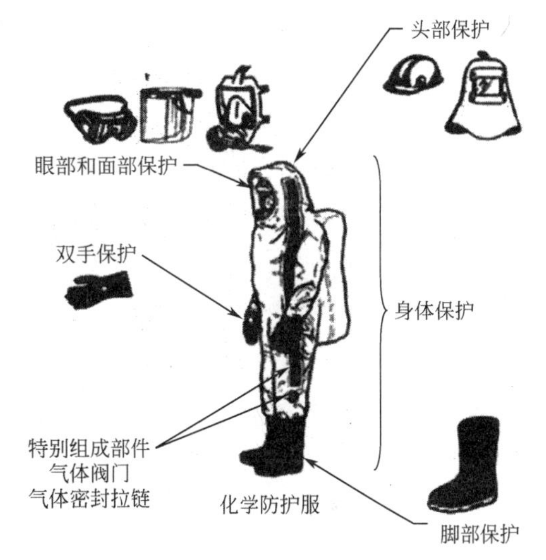

图 7-3 个人防护装备图

（2）安全防护装备选择注意事项

① 个人防护用品应符合国家规定的有关标准。

② 在危害评估的基础上，按不同级别防护要求选择适当的个人防护装备。

③ 个人防护装备的选择、使用、维护应有明确的书面规定、程序和使用指导。

④ 使用前应仔细检查，不使用标志不清、破损或泄漏的防护用品。

（3）安全防护装备

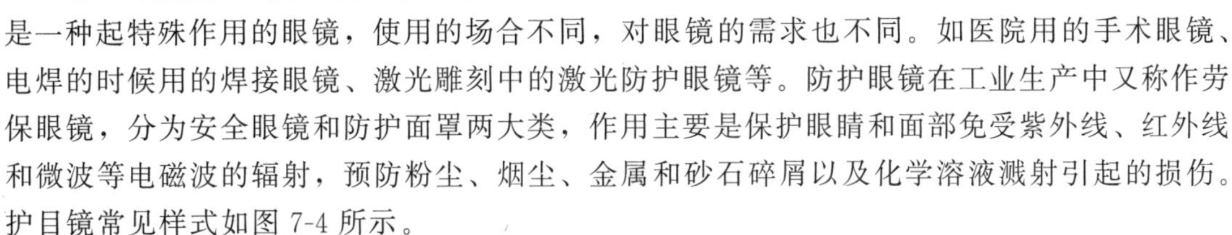

① 眼睛防护（安全镜、护目镜）。护目镜是一种起特殊作用的眼镜，使用的场合不同，对眼镜的需求也不同。如医院用的手术眼镜、电焊的时候用的焊接眼镜、激光雕刻中的激光防护眼镜等。防护眼镜在工业生产中又称作劳保眼镜，分为安全眼镜和防护面罩两大类，作用主要是保护眼睛和面部免受紫外线、红外线和微波等电磁波的辐射，预防粉尘、烟尘、金属和砂石碎屑以及化学溶液溅射引起的损伤。护目镜常见样式如图 7-4 所示。

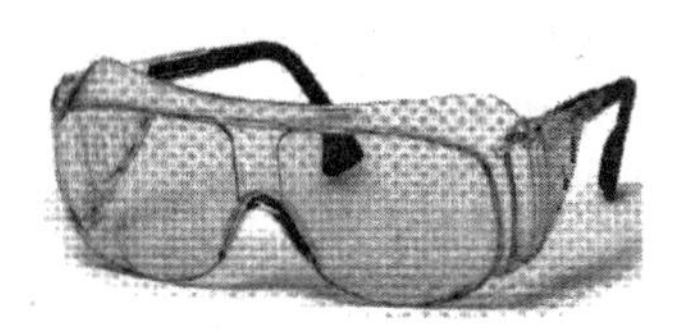

图 7-4 常见护目镜样式

护目镜主要种类及用途如下：

a. 防固体碎屑护目镜：主要用于防御金属或砂石碎屑等对眼睛的机械损伤。眼镜片和眼镜架结构坚固，抗打击。框架周围装有遮边，其上应有通风孔。防护镜片可选用钢化玻璃、胶质黏合玻璃或铜丝网防护镜。

b. 防化学溶液的护目镜：主要用于防御有刺激或腐蚀性的溶液对眼睛的化学损伤。可选用普通平光镜片，镜框应有遮盖，以防溶液溅入。通常用于实验室、医院等场所，一般医用眼镜即可通用。

c. 防辐射的护目镜：用于防御过强的紫外线等辐射线对眼睛的危害。镜片由能反射或吸收辐射线，但能透过一定可见光的特殊玻璃制成。镜片镀有光亮的铬、镍、汞或银等金属薄膜，可以反射辐射线；蓝色镜片吸收红外线，黄绿镜片同时吸收紫外线和红外线，无色含铅镜片吸收 X 射线和 γ 射线。比如常见的电焊眼镜，对镜片的透光率要求相对较低，所以镜片颜色多以墨色为主；激光防护眼镜，顾名思义，就是能防止激光对眼睛的辐射，所以对镜片要求很高，比如对光源的选择、衰减率、光反应时间、光密度、透光效果等，不同纳米的激光就需要用不同波段的镜片。

② 头面部及呼吸道防护（口罩、面罩、个人呼吸器、防毒面具、帽子）。

a. 口罩：目前实验室常用口罩样式如图 7-5 所示，大致种类主要有如下几种。

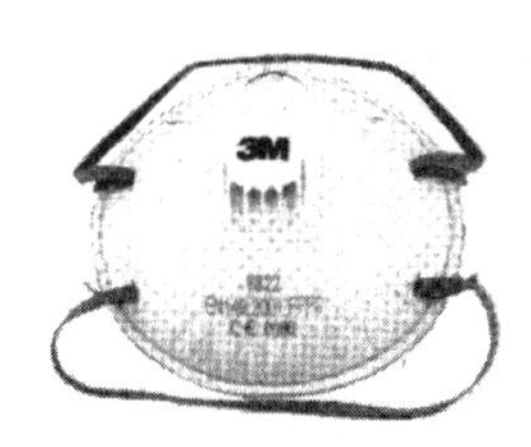

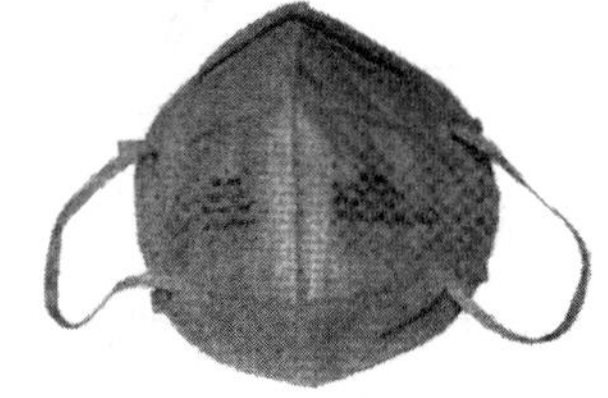

图 7-5　常用口罩样式

活性炭口罩：利用活性炭较大的表面积（500～1000m^2/g）、强的吸附性能，将其作为吸附介质制作而成的口罩。

空气过滤式口罩：主要工作原理是使含有害物的空气通过口罩的滤料过滤净化后再被人吸入，过滤式口罩是使用最广泛的一类。过滤式口罩的结构分为两大部分，面罩的主体和滤材部分，包括用于防尘的过滤棉以及防毒用的化学过滤盒等。

美国国家职业安全卫生研究所（NIOSH）粉尘类呼吸防护标准 42CFR84，根据滤料分类，将口罩分为如下几个系列：

N 系列：防护非油性悬浮颗粒无时限。

R 系列：防护非油性悬浮颗粒及汗油性悬浮颗粒时限 8h。

P 系列：防护非油性悬浮颗粒及汗油性悬浮颗粒无时限。

有些颗粒物的载体是有油性的，而这些物质附在静电无纺布上会降低电性，使细小粉尘穿透，因此对防含油气溶胶的滤料要经过特殊的静电处理，以达到防细小粉尘的目的。所以每个系列又划分出了 3 个水平：95%，99%，99.97%（即为：95、99、100），总计有 9 小类滤料。

我国也出台了国家标准对滤料进行了分类。

b. 防毒面具：实验室使用的主流防毒面具如图 7-6 所示，主要包括以下几类。

过滤式防毒面具：是一种能够有效地滤除吸入空气中的化学毒气或其他有害物质，并能保护眼睛和头部皮肤免受化学毒剂伤害的防护器材，是消防部队最常用的一种防毒面具。不同类型产品的基本结构和防毒原理相同，都是由滤毒罐、面罩和面具袋组成。在使用这种防毒面具时，由于面具的呼吸阻力、有害空间和面罩的局部作用，对人体的正常生理功能造成

图 7-6 防毒面具

不同程度的影响。在平时，健康人员尚可忍受，在一些特殊情况下，就可能会带来一定的恶果。因此，对不适合戴面具的人员，应根据病情限制或禁止使用防毒面具。对患有心血管、呼吸系统疾病，贫血、高血压、肾脏病等患者，应尽量缩短佩戴时间。

隔绝式防毒面具：是一种可使呼吸器官完全与外界空气隔绝，其中的储氧瓶或产氧装置产生的氧气供人呼吸的个人防护器材。隔绝式防毒面具与过滤式防毒面具相比的优点是能有效地防护各种浓度的毒剂、放射性物质和致病微生物的伤害，并能在缺氧或含有大量一氧化碳及其他有害气体的条件下使用。隔绝式防毒面具缺点是较笨重，使用复杂，容易发生故障和价格较贵。根据隔绝式面具的供氧方式不同，可分为带氧面具和产氧面具两种。带氧面具的基本原理是人吸入钢瓶中经过减压的高压氧，呼出气中的二氧化碳和水蒸气被清洁罐中的氢氧化锂或钠石灰吸收，剩余的氧气又重新回到气囊中被再次利用。氧气用完以后更换氧气瓶，清洁罐失效时可换新的清洁罐。目前我们使用的带氧面具主要是氧气呼吸器，钢瓶中贮存可利用的压缩氧气，一次有效使用时间为 40～120min。产氧面具的基本原理是利用人呼出的水汽和二氧化碳与面具内的生氧剂发生化学反应，放出氧气供人呼吸。这种面具产氧罐内的生氧剂主要有超氧化钠或超氧化钾，产氧面具的重量比带氧面具要轻些，使用也较简便。

③ 躯体防护（实验服、连体服、防化服等）。

a. 实验服：是指在实验时用于保护身体和里面衣服的工作服。一般都是长袖、及膝，颜色一般为白色，故亦称白大褂。一般多以棉或麻作为制作材料，以便于用高温水洗涤。

b. 防化服：也称化学防护服。用于防护化学物质对人体伤害的服装。该服装可覆盖整个或绝大部人体，至少可提供对躯干、手臂和腿部的防护。防化服允许是多件具有防护功能服装的组合，也可和其他的防护装备匹配使用。如图 7-7 所示。

图 7-7 防化服

按照应用范围不同分为：

a. 消防员防化服：消防员在化学及化学火灾事故中穿着的服装。

b. 应急救援防化服：应急救援工作中作业人员所需要的防化服。

c. 日常作业防化服：日常生产中作业人员穿着的作业服。通常有分体式和连体式。

按照防护能力分为：

a. 气密型防化服：作业人员所需要的带有头罩、视窗和手足部防护的，为穿着者提供对气态、液态和固态有毒有害化学物质防护的单件防化服类型。气密型防化服应配置自给式呼吸器或长管式呼吸器。

b. 非气密型防化服：作业人员所需要的，带有头罩、视窗、手部足部防护的，为穿着者提供对液态和固态有毒有害化学物质防护的单件防化服类型。非气密型防化服应配置自给式呼吸器或长管式呼吸器。

c. 液密型防化服：防护液态化学物质的防护服。液密型可分为：喷射液密型、泼溅液密型。

d. 颗粒物防护服：防护散布在作业场所环境中颗粒物的防护服。

④ 手、足防护（手套、鞋套）。实验室常用手套样式如图 7-8 所示。在实验过程中，会根据不同实验过程选择合适的手套，以达到有效保护实验人员手部的目的，根据手套作用和手套材质（表 7-1、表 7-2）将其分类如下。

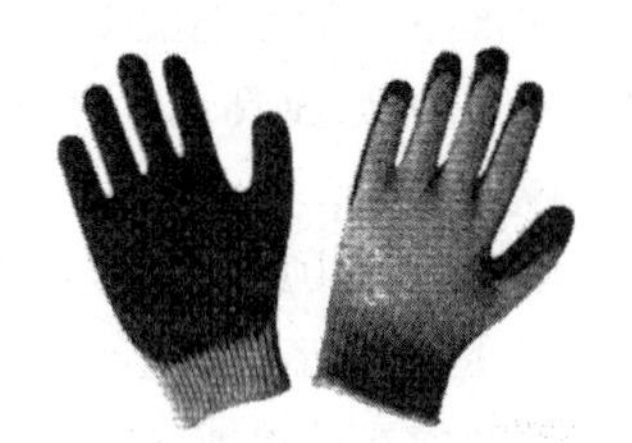

图 7-8　实验手套

表 7-1　手套的作用分类

用途分类	主要介绍
一次性手套	主要作用是保护使用者和被处理的物体。在使用时，对手指触感要求高的工作，如实验室清洁工作，可用乳胶、丁腈橡胶或 PVC（聚氯乙烯）材料制成手套
化学防护手套	防止化学浸透。用多种合成材料制成，如乳胶、PVC、丁腈、丁基合成橡胶、氯丁橡胶等
织布手套	织布手套的种类大致可分为：涤纶、锦纶、一级棉花制成的一般用途手套；配有凯芙拉（Kevlar）材料、大力马（Dyneema）材料以及钢材料的耐切割手套；小比例天然乳胶和莱卡纱并加入其他纤维制成的弹力手套；以及由热泡沫或者振动泡沫等材料制成的特殊用途手套（可分为超清洁手套和无菌手套）
一般用途手套	用于防磨损、刺穿、切割等，适用于搬运、处理物品等，常使用针织布、皮革或合成材料
防热手套	可隔热，用于高温工作环境，常使用厚皮革、特殊合成涂层、绝缘布、玻璃棉

表 7-2　根据手套材质分类

材质分类	主要介绍
天然橡胶（乳胶）	通常没有衬里，并有多种款式，包括清洁款式和无菌款式。这些手套能针对碱类、醇类以及多种化学稀释水溶液提供有效的防护，并能较好地防止醛和酮的腐蚀
聚氯乙烯（PVC）	防化学腐蚀能力强，几乎可以防护所有的化学危险品。加厚和处理后的表面（如毛面）也能防一般性的机械磨损，加厚型还可防寒。使用温度为－4～66℃
丁腈橡胶	通常分为一次性手套、中型无衬手套及轻型有衬手套，这种手套能防止油脂（包括动物脂肪）、二甲苯、聚乙烯以及脂肪族溶剂的侵蚀。还能防止大多数农药配方，常用于生物成分以及其他化学品的使用过程
氯丁橡胶	与天然橡胶的舒适度相似，但对石油化工产品、润滑剂却具有很好的防护作用，另外还具有很强的抗老化性能，抗臭氧和紫外线
丁基橡胶	仅作为中型无衬手套的材料
聚乙烯醇（PVA）	可作为中型有衬手套的材料，因此这种手套能针对多种有机化学品，如脂肪族、芳香烃、氯化溶剂、碳氟化合物和大多数酮（丙酮除外）、酯类以及醚类提供高水平的防护和抗腐蚀性
皮革	防机械磨损性能较好。厚皮可防热，外层镀铝后可防高温及热辐射。喷涂革耐磨、防污
布	作为一般用途手套。使用者手指灵活，接触感良好。加厚的可用于防热、防寒。可防中、低等机械磨损。点珠类的布手套耐磨、防滑，可抓握湿滑物体

手套选择的合适与否，使用的正确与否，都直接关系到手的健康。在选择与使用过程中要注意以下几点：选用的手套要具有足够的防护作用；使用前，尤其是一次性手套，要检查手套有无小孔或破损、磨蚀的地方，尤其是指缝；使用中不要将污染的手套任意丢放；摘取手套一定要注意正确的方法，防止将手套上沾染的有害物质接触到皮肤和衣服上，造成二次污染；不要共用手套，共用手套容易造成交叉感染；戴手套前要洗净双手，摘掉手套后要洗净双手，并擦点护手霜以补充天然的保护油脂；戴手套前要治愈或罩住伤口，阻止细菌和化学物质进入血液；不要忽略任何皮肤红斑或痛痒、皮炎等皮肤病，如果手部出现干燥、刺痒、气泡等，要及时请医生诊治。

图 7-9　耳塞（左）和耳罩（右）

⑤ 耳（听力保护器等）。常见的有耳塞和耳罩两大类，样式如图 7-9 所示。

a. 耳塞是可以插入外耳道的有隔声作用的材料。按性能分为：泡棉类和预成型两类。

泡棉耳塞使用发泡型材料，压扁后回弹速度比较慢，允许有足够的时间将揉搓细小的耳塞插入耳道，耳塞慢慢膨胀将外耳道封堵起隔声作用。

预成型耳塞由合成类材料（如橡胶、硅胶、聚酯等）制成，预先模压成某些形状，可直接插入耳道。

b. 耳罩的形状像普通耳机，用隔声的罩子将外耳罩住，耳罩之间用有适当夹紧力的头带或颈带将耳罩固定在头上，也可以有插槽与安全帽配合使用。

2. 通风橱或通风柜

通风橱的功能中最主要的是排气功能，其样式和主要组成部件如图 7-10 所示。在化学实验室中，实验操作时产生各种有害气体、臭气、湿气以及易燃、易爆、腐蚀性物质，为了保护实验人员的安全，防止实验中的污染物质向实验室扩散，在污染源附近要使用通风柜。化学实验室高度的安全性和优越的操作性，要求通风柜应具有如下功能。

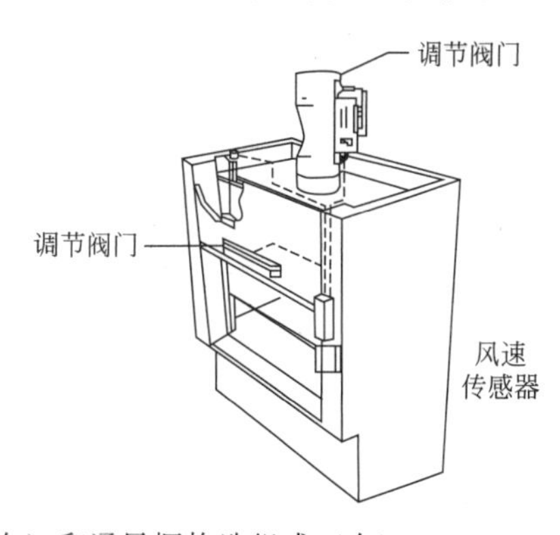

图 7-10　通风橱（左）和通风橱构造组成（右）

（1）释放功能。应具备将通风柜内部产生的有害气体用吸收柜外气体的方式，使其稀释后排出室外的机构。

（2）防倒流功能。应具有在通风柜内部由排风机产生的气流将有害气体从通风柜内部不反向流进室内的功能。

（3）隔离功能。在通风柜前面应具有不滑动的玻璃视窗将通风柜内外进行分隔。

（4）补充功能。应具有在排出有害气体时，从通风柜外吸入空气的通道或替代装置。

（5）控制风速功能。为防止通风柜内有害气体逸出，需要有一定的吸入速度。通常规定：无毒的污染物为 0.25～0.38m/s，有毒或有危险的有害物为 0.4～0.5m/s，剧毒或有少量放射性的污染物为 0.5～0.6m/s，气状物为 0.5m/s，粒状物为 1m/s。

（6）耐热及耐酸碱腐蚀功能。通风柜内有的要安置电炉，有的实验产生大量酸碱等有毒有害气体，具有极强的腐蚀性。通风柜的台面、衬板、侧板及选用的水嘴、气嘴等都应具有防腐功能。

在通风橱使用过程中，需遵守以下规则和注意事项：

① 使用前应检查电源、给排水、气体等各种开关及管路是否正常。

② 打开照明设备，检查视光源及橱体内部是否正常。

③ 打开抽风机，约 3min 内，静听运转是否正常。

④ 依以上顺序检查时，如有问题，请即暂停使用，并通知保养单位处理。

⑤ 关机前，抽风机应继续运转几分钟，使柜内废气完全排出。

⑥ 使用后应将柜体内外擦拭清洁，并关闭各项开关及视窗。

⑦ 实验室内在不使用通风橱时也要时常通风，这样对试验人员的身体健康有益。

⑧ 通风橱在使用时，每 2h 进行 10min 的补风（即开窗通风），使用时间超过 5h 的，要敞开窗户，避免室内出现负压。

⑨ 通风橱使用时，视窗高度离实验台面高度不高于 1/3。

⑩ 禁止在未开启通风橱时在其通风柜内做实验。

⑪ 禁止在做实验时将头伸进通风橱内操作或查看。

⑫ 禁止通风橱内存放易燃易爆物品或进行相关实验。

⑬ 禁止将移动插排或电线放在通风橱内。

⑭ 禁止在通风橱内做国家禁止排放的有机物质与高氯化合物混合的实验。

⑮ 禁止在没有安全措施的情况下将所实验的物质放置在通风橱内实验，一旦出现化学物质喷溅出来，应立即将电源切断。

⑯ 移动上下视窗时，要缓慢操作，以免门拉手将手压坏。

⑰ 实验过程中，视窗离台面 10～15cm 为宜。

⑱ 通风橱的操作区域要保持畅通，通风橱周围避免堆放物品。

⑲ 操作人员在不使用通风橱时，通风橱台面避免存放过多实验器材或化学物质，禁止长期堆放。

（二）实验室常见应急设施

1. 消防设施

爆炸和火灾是实验室安全事故的主要类型之一，占实验室安全事故的总比为 87%左右。在实验室安全事故中，火灾和爆炸往往会先后出现。火灾控制不及时可能引发爆炸事故，而爆炸事故发生后也往往会引起火灾。

对于高校来说，一套完整的实验室消防设施则由火灾自动警示系统、消火栓、人员疏散设备或通道、灭火设施等组成。依据国标《建筑灭火器配置设计规范》（GB 50140—2005）要求，不同类型实验室配置不同类型消防器材，如：化学类实验室内需配备干粉灭火器，精密仪器室需配备二氧化碳灭火器。对于进行可燃金属化学反应的实验室还需配备灭火砂。此外，实验室还应配置足量灭火毯等工具，并确保每个人都能熟练应用。灭火器等防灾设施应由专人负责定期实施检修、更换，避免在火灾真正发生时失灵。

2. 急救箱

实验室应设立常备药箱，准备洗眼用药物、医用生理盐水、普通创伤处理物品。对于使用剧毒化学品的实验室，应根据所使用的剧毒品性能，准备相应的药物或催吐药物。

配备药品急救箱可以在烧伤、烫伤、化学伤发生后进行紧急现场处理，减少对伤员的进一步伤害。化学类药品急救箱内配备碘伏消毒液、双氧水、硼酸溶液、碳酸氢钠溶液、烧伤敷料、烫伤膏、眼垫、洗眼液、瞬冷冰袋、创可贴、医用弹性绷带和医用纱布块等。急救箱中的药品应定期检查，注意及时更换。

3. 紧急喷淋装置

紧急喷淋装置既有喷淋系统，又有洗眼系统。紧急喷淋装置主要适用于大型石油化工、科研院校、电子行业、疾病预防控制中心等行业，其实物如图 7-11 所示。

（1）使用方法

眼部伤害：取下冲眼喷头防尘罩，压下冲眼喷头阀门，将眼部移到冲眼喷头上方，根据出水高度调节眼部与出水喷头的距离。在眼部移至冲眼喷头出水上方时，喷出的水应清澈；冲洗时眼睛要睁开，眼珠来回转动；连续冲洗时间不得少于 15min，再行就医治疗。

躯体伤害：脱去污染的衣物，取下冲眼喷头防尘罩，压下冲眼喷头阀门。冲洗时不得隔着衣物冲洗伤害部位；连续冲洗时间不得少于 15min，再根据实际情况决定是否就医治疗。

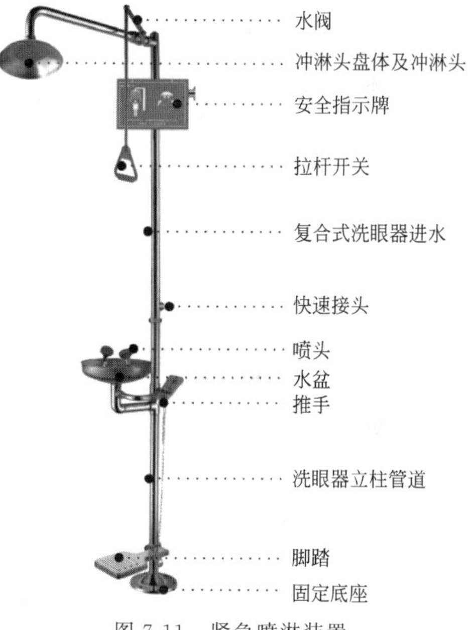

图 7-11 紧急喷淋装置

（2）安装和使用要求

① 应该安装在危险源头的附近，最好在 10s 内能够快步到达喷淋装置的区域范围，直线达喷淋装置的距离：10～15m。

② 尽量安装在同一水准面上，最好能够直线到达，避免越层救护。

③ 在紧急喷淋装置 1.5m 半径范围内，不能有电气开关，以免发生电器短路。

④ 必须连接饮用水，严禁使用循环水或工艺水。

⑤ 进水口管径不小于 25mm，确保出水量。

⑥ 只作为事故应急使用，严禁在常规情况下使用。

⑦ 器具放置点旁严禁悬挂、堆放物品。

⑧ 供水总阀必须常开，不得关闭。在安装喷淋装置的周围需要有醒目的标志。清洗营救点必须进行清洁确认，并且清除所有障碍。

⑨ 喷淋头至少持续 5～10min；眼部和脸部的清洗至少持续 15min。

附表 1 危险化学品储存配存表

化学品危险和危害种类	爆炸物	易燃气体、气溶胶	氧化性气体	加压气体（不燃）	易燃液体	易燃固体	自反应物质和混合物	自燃液体、固体	自热物质和混合物	遇水放出易燃气体的物质和混合物	氧化性液体、固体		有机过氧化物	金属腐蚀物 皮肤腐蚀/刺激，类别 1 严重眼损伤/眼刺激，类别 1				急性毒性			
											无机	有机		酸性无机	酸性有机	碱性无机	碱性有机	剧毒无机	剧毒有机	其他无机	其他有机
爆炸物	×																				
易燃气体、气溶胶	×	○																			
氧化性气体	×	×	○																		
加压气体（不燃、非助燃）	×	○	○	○																	
易燃液体	×	×	×	×	○																
易燃固体	×	×	×	×	消	○															
自反应物质和混合物	×	×	×	×	×	×	○														

续表

化学品危险和危害种类		爆炸物	易燃气体、气溶胶	氧化性气体	加压气体（不燃）	易燃液体	易燃固体	自反应物质和混合物	自燃液体、固体	自热物质和混合物	遇水放出易燃气体的物质和混合物	氧化性液体、固体		有机过氧化物	金属腐蚀物 皮肤腐蚀/刺激，类别 1 严重眼损伤/眼刺激，类别 1				急性毒性			
												无机	有机		酸性无机	酸性有机	碱性无机	碱性有机	剧毒无机	剧毒有机	其他无机	其他有机
自燃液体、自燃固体		×	×	×	×	×	×	×	○													
自热物质和混合物		×	×	×	×	×	×	×	×	○												
遇水放出易燃气体的物质和混合物		×	×	×	×	×	×	×	×	×	○											
氧化性液体、固体	无机	×	×	×	分	×	×	×	×	×	×	○										
	有机	×	×	×	消	×	×	×	×	×	×	×	○									
有机过氧化物		×	×	×	×	×	×	×	×	×	×	×	×	○								
金属腐蚀物 皮肤腐蚀/刺激，类别 1 严重眼损伤/眼刺激，类别 1	酸性无机	×	×	×	×	×	×	×	×	×	×	×	×	×	○							
	酸性有机	×	×	×	×	消	×	×	×	×	×	×	×	×	×	○						
	碱性无机	×	×	×	分	消	分	×	×	分	×	分	消	×	×	×	○					
	碱性有机	×	×	×	×	消	消	×	×	×	×	×	×	×	×	×	○	○				
急性毒性	剧毒无机	×	×	×	×	×	×	×	×	×	×	×	×	×	×	×	×	×	○			
	剧毒有机	×	×	×	×	×	×	×	×	×	×	×	×	×	×	×	×	×	○	○		
	其他无机	×	×	×	分	消	分	×	×	分	×	分	×	×	×	×	×	×	×	×	○	
	其他有机	×	×	×	×	分	消	×	×	×	×	×	×	×	×	×	×	×	×	×	○	○

注：1.“○”框中，具体化学品能否混存，参考其安全技术说明书，混存物品，堆垛与堆垛之间，应留有 1m 以上的距离，并要求包装容器完整，不使两种物品发生接触。

2.“×”框中，除本文件 5.9 规定外，应隔开储存。

3.“分”框中，堆垛与堆垛之间应留有 2m 以上的距离。

4.“消”框中，禁忌物应隔开储存。

5.当危险化学品具有两种以上危险性时，应按照最严格的禁配要求进行配存。

6.表中未涉及的健康危害和环境危害类别，具体配存要求参见其化学品安全技术说明书。

7.爆炸物具体储存要求按照 GB 18265 执行。

8.“○”表示原则上可以混存。

9.“×”表示互为禁忌物品。

10.“分”指按化学品的危险性分类进行隔离储存。

11.“消”指两种物品性能并不相互抵触，但消防施救方法不同。

附表 2　部分危险化学品灭火方法

类　别	品名	灭火方法	备注
爆炸物	黑火药	雾状水、泡沫、二氧化碳	禁用砂土
	化合物	雾状水、水、泡沫、二氧化碳	
压缩气体和液化气体	压缩气体和液化气体	大量水、雾状水、泡沫、二氧化碳、干粉	冷却钢瓶
易燃液体	中、低、高闪点	泡沫、干粉、二氧化碳、砂土	
	甲醇、乙醇、丙酮	抗溶性泡沫、二氧化碳、干粉、砂土	
易燃固体	易燃固体	水、泡沫、砂土	
	发乳剂	水、干粉、二氧化碳、泡沫	禁用酸碱泡沫
	硫化磷	干粉、二氧化碳、砂土	禁用水
自燃物品	自燃物品	水、雾状水、泡沫、湿砂土、二氧化碳	
	烃基金属化合物	干粉、砂土、二氧化碳	禁用水
遇湿易燃物品	遇湿易燃物品	干粉、干砂、石灰粉、二氧化碳	禁用水
	钾、钠	干粉、干砂、石灰粉	禁用水、二氧化碳、四氯化碳
氧化剂和有机过氧化物	氧化剂和有机过氧化物	雾状水、泡沫、干粉、二氧化碳	
	过氧化钠、过氧化钾、过氧化镁、过氧化钙等	干粉、砂土	禁用水
无机剧毒性物品	亚硒酸盐、亚硒酸酐、硒及其化合物	水、砂土、二氧化碳	
	硒粉	砂土、干粉、二氧化碳	禁用水
	氯化汞	水、砂土、二氧化碳	
	氰化物、氰熔体、淬火盐	水、砂土、二氧化碳	禁用酸碱泡沫
	氢氰酸溶液	二氧化碳、干粉、泡沫	
有机剧毒性物品	氰磷酸异丙酯、对氧磷、对硫磷等	水、砂土、二氧化碳	
	四乙基铅	干砂、泡沫、二氧化碳	
	马钱子碱	水、二氧化碳、干粉、砂土	
	硫酸二甲酯	干砂、泡沫、二氧化碳、雾状水	
无机毒害性物品	氧化汞、汞及其化合物、碲及其化合物	砂土、水、二氧化碳、泡沫	
有机毒害性物品	氰化二氯甲烷、其他含氰化合物	二氧化碳、雾状水、砂土	
	苯的氯化物(多氯代物)	砂土、泡沫、二氧化碳、雾状水	
	氯酸酯类	泡沫、二氧化碳、水	
	烷基(烯烃)的溴代物,其他醛、醇、酮、酯、苯等的溴化物	砂土、泡沫	
	各种有机物的钡盐、对硝基苯氯(溴)甲烷	砂土、泡沫、雾状水	
	砷的有机化合物、草酸、草酸盐类	泡沫、水、二氧化碳	
	胺的有机化合物、苯胺的各种有机化合物、盐酸苯二胺(邻、间、对)	砂土、泡沫、雾状水	

续表

类　别	品名	灭火方法	备注
有机毒害性物品	二氨基甲苯、乙萘胺、二硝基二苯胺、苯肼及其化合物、苯酚的有机化合物、硝基的苯酚钠盐、硝基苯酚、苯的氯化物	砂土、泡沫、二氧化碳、雾状水	
	糠醛、硝基萘	砂土、泡沫、二氧化碳、雾状水	
	滴滴涕原粉、毒杀酚原粉、666原粉	砂土、泡沫	
	氯丹、敌百虫、马拉松、烟雾剂、安妥、苯巴比妥钠盐、阿米妥尔及其钠盐、赛力散原粉、1-萘甲氰、炭疽芽孢苗、鸟来因、粗蒽、依米丁及其盐类、苦杏仁酸、戊巴比妥及其钠盐	砂土、泡沫、水	
酸性腐蚀物品	发烟硝酸、硝酸	砂土、二氧化碳、雾状水	禁用高压水
	发烟硫酸、硫酸	干砂、二氧化碳	禁用水
	盐酸	砂土、干粉、雾状水、二氧化碳	禁用高压水
	磷酸、氢氟酸、氢溴酸、溴素、氢碘酸、氟硅酸、氟硼酸	砂土、二氧化碳、雾状水	禁用高压水
	高氯酸、高磺酸	干砂、二氧化碳	
	氯化硫	干砂、二氧化碳、雾状水	禁用高压水
	磺酰氯、氯化亚砜	干砂、干粉	禁用水
	氯化铬酰、三氯化磷、三溴化磷	干粉、干砂、二氧化碳	禁用水
	五氯化磷、五溴化磷	干粉、干砂	禁用水
	四氯化硅、三氯化铝、四氯化钛、五氯化锑、五氯化磷	干砂、干粉	禁用水、二氧化碳、泡沫
	甲酸	二氧化碳、雾状水、泡沫、干粉	禁用高压水
	溴乙酰	干粉、干砂、泡沫、二氧化碳	禁用高压水
	苯磺酰氯	干粉、干砂、二氧化碳	禁用水
	乙酸、乙酸酐	砂土、二氧化碳、雾状水、泡沫	禁用高压水
	氯乙酸、三氯乙酸、丙烯酸	砂土、二氧化碳、雾状水、泡沫	禁用高压水
碱性腐蚀物品	氢氧化钠、氢氧化钾、氢氧化锂	砂土、雾状水	禁用高压水
	硫化钠、硫化钾、硫化钡	砂土、二氧化碳	禁用水或酸、碱式灭火剂
	水合肼	干粉、二氧化碳、雾状水、泡沫	
	氨水	水、雾状水、砂土	
	次氯酸钙	水、砂土、泡沫	
其他腐蚀物品	甲醛	水、二氧化碳、泡沫	
	苯酚钠	水、泡沫、干粉、二氧化碳	
	蒽	干粉、二氧化碳、砂土	

附表 3 部分毒害性危险化学品中毒急救方法

中毒类型	品名	急救方法
呼吸道吸入中毒	氯	迅速脱离现场至空气新鲜处,保持呼吸道通畅。如呼吸困难,给氧,给予2%~4%的碳酸氢钠溶液雾化吸入。呼吸、心跳停止,立即进行心肺复苏术,就医
	硫化氢	迅速脱离现场至空气新鲜处,保持呼吸道通畅。如呼吸困难,给氧。呼吸心跳停止时,立即进行人工呼吸和心肺复苏术,就医
	碳酰氯(光气)	迅速脱离现场至空气新鲜处,保持呼吸道通畅。如呼吸困难,给氧。如呼吸停止,立即进行人工呼吸。吸入β_2激动剂、口服或注射皮质类固醇治疗支气管痉挛。就医
	二氧化硫	将吸入患者迅速移到空气新鲜处,吸氧,呼吸停止立即人工呼吸,呼吸刺激等咳嗽症状,可雾化吸入2%碳酸氢钠,喉头痉挛窒息时应切开气管,并注意控制肺水肿发生
	硫酸二甲酯	吸入:迅速脱离现场至空气新鲜处。保持呼吸道通畅。如呼吸困难,给氧。如呼吸停止,立即进行人工呼吸。就医
	六氯环戊二烯	吸入:迅速脱离现场至空气新鲜处。保持呼吸道通畅。如呼吸困难,给氧。如呼吸停止,立即进行人工呼吸。就医
	磷化氢	吸入:迅速脱离现场至空气新鲜处。保持呼吸道通畅。如呼吸困难,给氧。如呼吸停止,立即进行人工呼吸。就医
	氯甲基甲醚	吸入:迅速脱离现场至空气新鲜处。保持呼吸道通畅。如呼吸困难,给氧。如呼吸停止,立即进行人工呼吸。就医
	烯丙胺	吸入:迅速脱离现场至空气新鲜处。保持呼吸道通畅。如呼吸困难,给氧。如呼吸停止,立即进行人工呼吸。就医
	甲基肼、对称/不对称二甲基肼	吸入:迅速脱离现场至空气新鲜处。保持呼吸道通畅。如呼吸困难,给氧。如呼吸停止,立即进行人工呼吸。就医
	丙烯腈	迅速脱离现场至空气新鲜处。保持呼吸道通畅。如呼吸困难,给氧。呼吸心跳停止时,立即进行人工呼吸(勿用口对口)和心肺复苏术。给吸入亚硝酸异戊酯,就医
	氰及其化合物	迅速脱离现场至空气新鲜处。保持呼吸道通畅。如呼吸困难,给氧。呼吸心跳停止时,立即进行人工呼吸(勿用口对口)和心肺复苏术。给吸入亚硝酸异戊酯,就医。食入:饮足量温水,催吐。用1∶5000高锰酸钾溶液或5%硫代硫酸钠溶液洗胃。就医
误服消化道中毒	氟及其化合物	迅速脱离现场至空气新鲜处。保持呼吸道通畅。如呼吸困难,给氧。如呼吸停止,立即进行人工呼吸。食入:用水漱口,给饮牛奶或蛋清。就医
	硫酸二甲酯	食入:用水漱口,给饮牛奶或蛋清。就医
	苯胺	食入:饮足量温水,催吐。就医
	苯酚	食入:立即给饮植物油15~30mL,催吐。就医
	六氯环戊二烯	食入:饮足量温水,催吐。就医
	氯甲基甲醚	食入:用水漱口,给饮牛奶或蛋清。就医
	烯丙胺	食入:用水漱口,给饮牛奶或蛋清。就医
	甲基肼、对称/不对称二甲基肼	食入:用水漱口,给饮牛奶或蛋清。就医

续表

中毒类型	品名	急救方法
误服消化道中毒	汞及其化合物	经口进入，立即漱口，饮牛奶、豆浆或蛋清水，注射二巯基丙磺酸钠或二巯基丁二钠、BAL等
	钡及其化合物	口服中毒，用5%硫酸钠洗胃，随后导泻，口服或注射硫酸钠或硫代硫酸钠
	砷化氢	吸入患者静卧吸氧，注射解毒药，如BAL、二巯基丁二钠等，纠正酸中毒
	砷及其化合物	吸入或误服，及时注射解毒剂，如二巯基丙醇、二巯基丙磺酸钠及二巯基丁二钠等，对症治疗
	甲醇及醇类	中毒者离开污染区，经口进入者，立即催吐或彻底洗胃
	丙烯腈	饮足量温水，催吐。用1∶5000高锰酸钾溶液或5%硫代硫酸钠溶液洗胃。就医
	氰及其化合物	皮肤接触：立即脱去污染的衣着，用流动清水或5%硫代硫酸钠溶液彻底冲洗不少于20min。就医。 眼睛接触：提起眼睑，用流动清水或生理盐水冲洗。就医
接触中毒	苯酚	皮肤接触：立即脱去污染的衣着，用甘油、聚乙烯乙二醇或聚乙烯乙二醇和酒精的混合液(7∶3)抹洗，然后用水彻底清洗。或用大量流动清水冲洗不少于15min。就医。 眼睛接触：立即提起眼睑，用大量流动清水或生理盐水彻底冲洗不少于15min。就医
	六氯环戊二烯	皮肤接触：脱去污染的衣着，用大量流动清水冲洗。就医。 眼睛接触：提起眼睑，用流动清水或生理盐水冲洗。就医
	氯甲基甲醚	皮肤接触：立即脱去污染的衣着，用大量流动清水冲洗不少于15min。就医。 眼睛接触：立即提起眼睑，用大量流动清水或生理盐水彻底冲洗不少于15min。就医
	甲基肼、对称/不对称二甲基肼	皮肤接触：立即脱去污染的衣着，用大量流动清水冲洗不少于15min。就医。 眼睛接触：立即提起眼睑，用大量流动清水或生理盐水彻底冲洗不少于15min。就医
	铍及其化合物	接触中毒者必须迅速离开污染区，脱去污染衣物。衣物隔离存放，单独洗刷。眼及皮肤均须用水冲洗，再用肥皂彻底洗净，如有伤口速就医。吸入中毒，给予吸氧并防止肺水肿发生
	铊及其盐类	中毒者离开污染区，应即脱去污染衣物。用温水、肥皂彻底清洗皮肤。吞服者以5%碳酸氢钠或3%硫代硫酸钠液洗胃，注射二巯基丁二钠，1g溶于20～40mL生理盐水静注或用二巯基丙醇
	苯的氨基、硝基化合物	吸入及皮肤吸收者立即离开污染区，脱去污染衣物。用大量清水彻底冲洗皮肤，用温水或冷水冲洗，休息，吸氧，并注射美蓝及维生素C葡萄糖液
	磷化氢	如果发生冻伤，将患部浸泡于38～42℃的温水中复温，不要涂擦，不要使用热水和辐射热，使用清洁、干燥敷料包扎
	丙烯腈	立即脱去污染的衣着，用流动清水或5%硫代硫酸钠溶液彻底冲洗不少于20min。就医
	溴水	使患者急速离开污染区，接触皮肤立即用大量水冲洗，然后用稀氨水或硫代硫酸钠液洗敷，更换干净衣服。如进入口内，立即漱口，饮水及镁乳

附表 4　部分腐蚀性危险化学品个体防护和事故应急处理方法

品种	个体防护装备	泄漏应急处理	伤害应急处理
强　酸	眼睛防护：戴化学安全防护眼镜(3M1621)。 防护服：穿专用防酸工作服。 手防护：戴厚度不小于0.7mm橡皮手套。 呼吸系统防护：在有蒸气形成的情况下使用带过滤功能的呼吸器(TZL30)	消除火源。远离禁忌物品。 隔离泄漏污染区。 在确保安全的前提下，阻断泄漏。 使用压缩蒸汽泡沫减少蒸气。 切勿将水注入容器。 用水幕减少蒸气或改变蒸气云流向。勿用水直接冲击泄漏物。 防止泄漏物进入排水沟、下水道、地下室或其他密闭空间。 利用专用设备对泄漏物进行回收。 在残留物上覆盖砂土然后清理，或用碱性物质中和后用水清洗。 处理产品所用的设备必须接地。 除非穿有防护服，否则切勿触摸破损容器或泄漏物质	将患者转移到空气新鲜处，保持患者温暖和安静。 脱掉并隔开被污染的衣服和鞋。 如果出现呼吸困难应进行吸氧。 误服可用大量水漱口或用氧化镁悬浊液洗胃。 如果患者停止呼吸，应立即实施人工呼吸，注意口对口人工呼吸。要戴呼吸面罩或其他医用呼吸器进行。 皮肤沾染立即用自来水冲洗或用小苏打、肥皂水冲洗。 溅入眼睛用温水冲洗或用5%小苏打溶液冲洗。 就医，预防吸入、食入或皮肤接触泄漏物可能出现迟发型反应
强　碱	眼睛防护：戴安全防护镜(3M1621)。 防护服：穿专用防碱工作服(3M4690)。 手防护：戴厚度不小于0.7mm防碱橡皮手套。 呼吸系统防护：在有蒸气形成的情况下使用带过滤功能的呼吸器(TZL30)	消除火源。远离禁忌物品。 隔离泄漏污染区。 应急处理人员戴防尘面具，穿防碱工作服，不要直接接触泄漏物。 小量泄漏：避免扬尘，用洁净的铲子收集于干燥、洁净、有盖的容器中。也可以用大量水冲洗，洗水稀释后放入废水系统。 大量泄漏：收集回收或运至废物处理场所处置	将患者转移到空气新鲜处。 保持患者温暖和安静。 脱掉并隔开被污染的衣服和鞋。 如果出现呼吸困难应进行吸氧。如果患者停止呼吸，应立即实施人工呼吸，注意口对口人工呼吸要戴呼吸器。 误服可用大量水漱口，给饮牛奶或蛋清。 皮肤和眼睛接触，立即用水冲洗不少于15min。或用硼酸水、稀乙酸冲洗后涂氧化锌软膏。 就医，预防吸入、食入或皮肤接触泄漏物可能出现迟发型反应
氢氟酸	呼吸系统防护：可能接触其蒸气或烟雾时，必须佩戴防毒面具或供气式头盔。紧急事态抢救或逃生时，建议佩戴自给式呼吸器。 眼睛防护：戴安全防护眼镜。 防护服：穿工作服(防腐材料制作)。 手防护：戴橡胶耐酸碱手套。 其他：工作后，淋浴更衣。单独存放被毒物污染的衣服，洗后再用。保持良好的卫生习惯	迅速疏散泄漏污染区人员至安全区，并进行隔离，严格限制出入。 建议应急处理人员戴自给正压式呼吸器，穿防酸工作服。 不要直接接触泄漏物。尽可能切断泄漏源。 小量泄漏：用砂土、干燥石灰或苏打灰混合。也可以用大量水冲洗，洗水稀释后放入废水系统。 大量泄漏：构筑围堤或挖坑收容。用泵转移至槽车或专用收集器内，回收或运至废物处理场所处置	皮肤接触：脱去污染的衣着，用流动清水冲洗10min或用2%碳酸氢钠溶液冲洗。若有灼伤，就医治疗。 眼睛接触：立即提起眼睑，用流动清水或生理盐水冲洗不少于15min。 吸入：迅速脱离现场至空气新鲜处。保持呼吸道通畅。呼吸困难时给输氧。给予2%～4%碳酸氢钠溶液雾化吸入。就医。 食入：误服者给饮牛奶或蛋清。 就医，预防吸入、食入或皮肤接触泄漏物可能出现迟发型反应

续表

品 种	个体防护装备	泄漏应急处理	伤害应急处理
高氯酸	眼睛防护：戴安全防护眼镜。 防护服：穿聚乙烯防毒服。 手防护：戴橡胶耐酸碱手套。 呼吸系统防护：可能接触其蒸气时，必须佩戴过滤式防毒面具（全面罩）或自给式呼吸器	迅速疏散泄漏污染区人员至安全区，并进行隔离，严格限制出入。 建议应急处理人员戴自给正压式呼吸器，穿防毒服。 不要直接接触泄漏物。勿使泄漏物与有机物、还原剂、易燃物接触。尽可能切断泄漏源。防止流入下水道、排洪沟等限制性空间。 小量泄漏：用砂土、干燥石灰或苏打灰混合覆盖清理。 大量泄漏：构筑围堤或挖坑收容。用泵转移至槽车或专用收集器内，回收或运至废物处理场所处置	皮肤接触：立即脱去污染的衣着，用大量流动清水冲洗不少于15min。就医。 眼睛接触：立即提起眼睑，用大量流动清水或生理盐水彻底冲洗不少于15min。就医。 吸入：迅速脱离现场至空气新鲜处。保持呼吸道通畅。如呼吸困难，给输氧。如呼吸停止，立即进行人工呼吸。就医。 食入：用水漱口，给饮牛奶或蛋清。 就医，预防吸入、食入或皮肤接触泄漏物可能出现迟发型反应
氯化铬酰	眼睛防护：戴化学安全防护眼镜。 防护服：穿工作服（防腐材料制作）。 手防护：戴橡胶耐酸碱手套。 呼吸系统防护：可能接触其蒸气时，必须佩戴防毒面具或供气式头盔。紧急事态抢救或逃生时，建议佩戴自给式呼吸器	疏散泄漏污染区人员至安全区，禁止无关人员进入污染区，建议应急处理人员戴自给式呼吸器，穿化学防护服。合理通风，不要直接接触泄漏物，勿使泄漏物与可燃物质（木材、纸、油等）接触，在确保安全的情况下堵漏。 喷水雾减慢挥发（或扩散），但不要对泄漏物或泄漏点直接喷水。 用砂土、干燥石灰或苏打灰混合，然后收集运至废物处理场所处置。 如果大量泄漏，最好不用水处理，在技术人员指导下清除	皮肤接触：立即脱去污染的衣着，用肥皂水及清水彻底冲洗。若有灼伤，就医治疗。 眼睛接触：立即提起眼睑，用流动清水或生理盐水冲洗不少于15min。就医。 吸入：迅速脱离现场至空气新鲜处。保持呼吸道通畅。必要时进行人工呼吸。就医。 食入：患者清醒时立即漱口，给饮牛奶或蛋清。 就医。预防吸入、食入或皮肤接触泄漏物可能出现迟发型反应
氯磺酸	呼吸系统防护：可能接触其烟雾时，佩戴过滤式防毒面具（半面罩）或空气呼吸器。紧急事态抢救或撤离时，建议佩戴氧气呼吸器。 眼睛防护：同呼吸系统防护。 身体防护：穿橡胶耐酸碱工作服。 手防护：戴橡胶耐酸碱手套。 其他防护：工作现场禁止吸烟、进食和饮水。工作完毕，淋浴更衣。单独存放被毒物污染的衣服，洗后备用。保持良好的卫生习惯	迅速撤离泄漏污染区人员至安全区，并立即隔离150m，严格限制出入。 建议应急处理人员戴自给正压式呼吸器，穿防酸碱工作服。 从上风处进入现场。 尽可能切断泄漏源。 防止流入下水道、排洪沟等限制性空间。 小量泄漏：用砂土、蛭石或其他惰性材料吸收清理。 大量泄漏：构筑围堤或挖坑收容。在专家指导下清除	皮肤接触：立即脱去污染的衣着，用大量流动清水冲洗不少于15min。就医。 眼睛接触：立即提起眼睑，用大量流动清水或生理盐水彻底冲洗不少于15min。就医。 吸入：迅速脱离现场至空气新鲜处。保持呼吸道通畅。如呼吸困难，给输氧。如呼吸停止，立即进行人工呼吸。就医。 食入：用水漱口，给饮牛奶或蛋清。 就医。预防吸入、食入或皮肤接触泄漏物可能出现迟发型反应

续表

品种	个体防护装备	泄漏应急处理	伤害应急处理
溴素	呼吸系统防护：可能接触其烟雾时，必须佩戴自吸过滤式防毒面具（全面罩）或空气呼吸器。紧急事态抢救或撤离时，建议佩戴氧气呼吸器。 眼睛防护：同呼吸系统防护。 身体防护：穿橡胶耐酸碱服。 手防护：戴橡胶耐酸碱手套。 其他防护：工作现场禁止吸烟、进食和饮水。工作完毕，淋浴更衣。单独存放被毒物污染的衣服，洗后备用。保持良好的卫生习惯	迅速撤离泄漏污染区人员至安全区，并立即进行隔离。 小泄漏时隔离150m，大泄漏时隔离300m，严格限制出入。 建议应急处理人员戴自给正压式呼吸器，穿防酸碱工作服。 不要直接接触泄漏物。 尽可能切断泄漏源。 防止流入下水道、排洪沟等限制性空间。 小量泄漏：用苏打灰中和。也可以用大量水冲洗，洗水稀释后放入废水系统。 大量泄漏：构筑围堤或挖坑收容。用泡沫覆盖，降低蒸气危害。喷雾状水冷却和稀释蒸气。用泵转移至槽车或专用收集器内，回收或运至废物处理场所处置	皮肤接触：立即脱去污染的衣着，用大量流动清水冲洗不少于15min。就医。 眼睛接触：立即提起眼睑，用大量流动清水或生理盐水彻底冲洗不少于15min。就医。 吸入：迅速脱离现场至空气新鲜处。保持呼吸道通畅。如呼吸困难，给输氧。如呼吸停止，立即进行人工呼吸。就医。 食入：用水漱口，给饮牛奶或蛋清。 就医。预防吸入、食入或皮肤接触泄漏物可能出现迟发型反应
甲醛溶液	眼睛防护：戴化学安全防护眼镜（3M1621）。 防护服：穿工作服（3M4690酸碱防护服或其他防腐材料制作的防护服）。 手防护：戴厚度为0.7mm橡皮手套。 呼吸系统防护：佩戴自吸过滤式防毒面具（全面罩）。紧急事态抢救或撤离时，佩戴隔离式呼吸器	消除火源。 隔离泄漏污染区，限制出入。 应急处理人员戴防尘面具（全面罩），穿防酸碱工作服，不要直接接触泄漏物。 小量泄漏：用砂土或其他不燃材料吸附或吸收。也可以用大量水冲洗，洗水稀释后放入废水系统。 大量泄漏：构筑围堤或挖坑收容。用泡沫覆盖，降低蒸气危害。喷雾状水冷却和稀释蒸气、保护现场人员、把泄漏物稀释成不燃物。用泵转移至槽车或专用收集器内，回收或运至废物处理场所处置	将患者转移到空气新鲜处。 脱掉并隔开被污染的衣服和鞋。 如果出现呼吸困难应进行吸氧。 如果患者停止呼吸，应立即实施人工呼吸。注意口对口人工呼吸要戴呼吸面罩或其他医用呼吸器进行。 食入用1%碘化钾灌胃，就医。常规洗胃。 皮肤和眼睛接触立即用自来水冲洗不少于15min。 送医就诊，预防吸入、食入或皮肤接触泄漏物可能出现迟发型反应

来源：附表1～附表4来自《危险化学品储存通则》（征求稿意见）（2020）。

附表5　危险化学品单位作业场所救援物资配备标准

序号	物资名称	技术要求或功能要求	配备	备注
1	正压式空气呼吸器	技术性能符合GB/T 18664—2002要求	2套	
2	化学防护服	技术性能符合AQ/T 6107—2008要求	2套	具有有毒腐蚀液体危险化学品的作业场所
3	过滤式防毒面具	技术性能符合GB/T 18664—2002要求	1个/人	根据有毒有害物质考虑，根据当班人数确定
4	气体浓度检测仪	检测气体浓度	2台	根据作业场所的气体确定
5	手电筒	易燃易爆场所，防爆	1个/人	根据当班人数确定
6	对讲机	易燃易爆场所，防爆	2台	根据作业场所选择防护类型
7	急救箱或急救包	物资清单可参考GBZ 1—2010	1包	

续表

序号	物资名称	技术要求或功能要求	配备	备注
8	吸附材料	吸附泄漏的化学品	*	以工作介质理化性质确定具体的物资，常用吸附材料为砂土
9	洗消设施或清洗剂	洗消进入事故现场的人员	*	在工作地点配备
10	应急处置工具箱	工作箱内配备常用工具或专业处置工具	*	根据作业场所具体情况确定

注：1. 表中所有“*”表示由单位根据实际需要进行配置，标准不作强行规定。

2. 在危险化学品单位作业场所，应急救援物资应存放在应急救援器材专用柜或指定地点。场所应急物资配备标准应符合附表5的要求。

3. 来源：《危险化学品单位应急救援物资配备要求》(GB 30077—2013)。

附表6　应急救援人员个体防护装备配备标准

序号	名称	主要用途	配备	备份比	备注
1	头盔	头部、面部及颈部的安全防护	1顶/人	4∶1	
2	二级化学防护服装	化学灾害现场作业时的躯体防护	1套/10人	4∶1	1. 以值勤人员数量确定 2. 至少配备2套
3	一级化学防护服装	重度化学灾害现场全身防护	*		
4	灭火防护服	灭火救援作业时的身体防护	1套/人	3∶1	指挥员可选配消防指挥服
5	防静电内衣	可燃气体、粉尘、蒸汽等易燃易爆场所作业时的躯体内层防护	1套/人	4∶1	
6	防化手套	手部及腕部防护	2副/人		应针对有毒有害物质穿透性选择手套材料
7	防化靴	事故现场作业时的脚部和小腿部防护	1双/人	4∶1	易燃易爆场所应配备防静电靴
8	安全腰带	登梯作业和逃生自救	1根/人	4∶1	
9	正压式空气呼吸器	缺氧或有毒现场作业时的呼吸防护	1具/人	5∶1	1. 以值勤人员数量确定 2. 备用气瓶按照正压式空气呼吸器总量1∶1备份
10	佩戴式防爆照明灯	单人作业照明	1个/人	5∶1	
11	轻型安全绳	救援人员的救生、自救和逃生	1根/人	4∶1	
12	消防腰斧	破拆和自救	1把/人	5∶1	

注：1. 表中“备份比”是指应急救援人员防护装备配备投入使用数量与备用数量之比。

2. 根据备份比计算的备份数量为非整数时应向上取整。

3. 小型危险化学品单位应急救援人员可佩戴作业场所的个体防护装备，不配备该表的装备。

4. 表中所有“*”表示由单位根据实际需要进行配置，标准不作强行规定。

5. 应急救援队伍应急救援人员的个人防护装备配备标准应符合附表6的要求。

6. 来源《危险化学品单位应急救援物资配备要求》(GB 30077—2013)。

参考文献

[1] 张景林，林柏泉.安全学原理［M］.北京：中国劳动社会保障出版社，2009.

[2] 刘景良.安全管理［M］.北京：化学工业出版社，2008.

[3] 孙健之，王敦青，杨敏.化学实验室安全基础［M］.北京：化学工业出版社，2021.

[4] 冯建越.高校实验室化学安全与防护［M］.杭州：浙江大学出版社，2013.

[5] 赵华绒，方文军，王国平.化学实验室安全与环保手册［M］.北京：化学工业出版社，2013.

[6] 俞咏霆，李太华，董德祥.生物安全实验室建设［M］.北京：化学工业出版社，2006.

[7] 陈卫华.实验室安全风险控制与管理［M］.北京：化学工业出版社，2017.

[8] 叶元兴，马静，赵玉泽，等.基于150起实验室事故的统计分析及安全管理对策研究［J］.实验技术与管理，2020，34（12）：317-322.

[9] 陈谨，顾家军，祝超凡，等.实验室管制类危险化学品安全管理策略探究［J］.科技视界，2021，22（51）：115-117.

[10] 沈子靖，马文川，李冰洋，等.清华大学危化品安全管理的研究与实践［J］.实验技术与管理，2019，36（8）：248-252.

[11] 张宗明，丁勤林，夏姣姣，等.高校实验室危险化学品全过程监管研究［J］.绿色科技，2018，8（16）：35-36.

[12] 张彦茹.高效实验室危化品全过程安全管理研究［J］.中国轻工教育，2017（3）：43-46.

[13] 李静娴，景键，李强，等.高效危化品仓库管理的研究与探索［J］.当代教育实践与教育研究，2018（2）：103-105.

[14] 姜周曙，冯建跃，林海旦，等.高效化学试剂库设计规范研究［J］.实验技术与管理，2017，34（11）：1-5.

[15] 徐召，胡宁，王攀，等.高校仪器设备全生命周期管理系统的设计与实现［J］.实验室研究与探索，2017，36（2）：282-284.

[16] 章薇，张银珠，孙益，等.高校实验室特种设备安全管理探讨［J］.实验技术与管理，2019，36（1）：1-3，11.

[17] 梁慧刚，黄翠，马海霞，等.高等级生物安全实验室与生物安全［J］.中国科学院院刊，2016，31（4）：452-456.

[18] 黄开胜，艾德生，江轶，等.以科研的态度和方法来全面研究实验室安全：述评 Nature Chemistry 期刊发文“学术实验室安全研究的回顾与评论”［J］.实验技术与管理，2020，37（1）：3-9.

[19] 李文涛，俞建光.高校实验室安全管理体系建设与探索［J］.实验研究与探索，2020，39（8）：304-307.

[20] 胡如朝.论大学生安全教育体系的构建［J］.湖南科技学院学报，2010，31（1）：169-171.

[21] 周文斌.高校大学生安全教育体系构建研究［J］.中国公共安全（学术版），2010（2）：6-10.

[22] 刘雪凌，张培兰.浅析高校化学实验室废弃物的综合处理［J］.化学通报，2012，75（5）：476.